Jürgen Rohweder, Text

Peter Neumann, Fotos und Gestaltung

LEISER, TIEFER, SCHNELLER

Innovationen im Deutschen U-Boot-Bau

E.S. Mittler & Sohn

Hamburg · Bonn

WIDMUNG

Meinem lieben Vater

Dipl.-Ing. Helmut Rohweder

Kapitän zur See a.D., U-Boot LI und Ritterkreuzträger

gewidmet

Jürgen Rohweder / Peter Neumann

LEISER, TIEFER, SCHNELLER

Innovationen im Deutschen U-Boot-Bau

IMPRESSUM

LEISER, TIEFER, SCHNELLER Innovationen im Deutschen U-Boot-Bau

Bibliographische Information der Deutschen Nationalbibliothek:
Die Deutsche Nationalbibliothek verzeichnet diese Publikation in der Deutschen Nationalbibliografie;
detaillierte bibliografische Daten sind im Internet über http://dnb.d-nb.de abrufbar.

ISBN: 978-3-8132-0912-9

© 2015 by Mittler im Maximillian Verlag GmbH & Co. KG
Alle Rechte, insbesondere das der Übersetzung, vorbehalten.

Gesamtgestaltung/Produktion: YPS Hamburg, Peter Neumann

Printed in Europe

Inhaltsverzeichnis

	Vorwort und Dank	7
1.	Leviathan erwacht	14
2.	Die Rolle des U-Boots in modernen Szenarios	23
3.	Deutschland baut U-Boote	35
4.	U-Boot Typ XXI – Die Revolution unter Wasser	46
5.	Deutschland baut wieder U-Boote	58
6.	U-Boote „Made in Germany" – der Weg in den Export	78
7.	Die zweite deutsche Revolution im U-Boot-Bau: Die Brennstoffzelle	94
8.	Die Brennstoffzelle geht an Bord	110
9.	U-Boot Klasse 212A wird Wirklichkeit	116
10.	HDW Klasse 214 – Brennstoffzellen-Boote für die Welt	138
11.	Noch auf dem Papier: HDW Klassen 210mod und 216	146
12.	U-Boot-Technologien von heute für morgen	154
13.	Die Zukunft auf hart umkämpften Märkten	162
14.	Liste der in Deutschland nach 1945 gebauten U-Boote	164
15.	Verzeichnis der Fußnoten	170
16.	Literaturverzeichnis	171
17.	Der Verlag und der Verfasser danken	173

Vorwort

Ich habe dieses Buch meinem Vater gewidmet. Er hat im Zweiten Weltkrieg auf U-Booten als Leitender Ingenieur gedient und nach dem Krieg am Aufbau der deutschen U-Boot-Waffe mitgearbeitet. Dabei ging es ihm nicht um den U-Boot-Mythos. Er war vor allem Ingenieur mit Leib und Seele – generell haben ihn Technik und Technologien stets fasziniert. Diese Faszination hat er auch seinen Söhnen vermittelt.

Die Entwicklung der Seefahrt, die Beherrschung und Erforschung der Weltmeere, die Entdeckung neuer Kontinente, die Begründung von Handelsrouten über See sind ebenso wie die Kriege um die Vorherrschaft auf See von der technischen Entwicklung der Schiffe begleitet und von ihr abhängig gewesen. Und sie sind es auch heute noch.

U-Boote haben die Menschen überall auf der Welt seit langem fasziniert. Einmal, weil sie in unbekannte Tiefen vorstoßen können, die weit unter der Oberfläche der Meere liegen. Zum anderen aber haben die U-Boot-Kriege in zwei Weltkriegen einen besonderen kriegerischen U-Boot-Mythos geschaffen – und das nicht nur in Deutschland.

Dieser hat sich heute zum Mythos Technik gewandelt. Ohne Zweifel ist das U-Boot eine Waffe – gut oder böse, abhängig von der Hand, in der sie sich befindet. Aber es ist auch pure Technologie. Und so sehen wir, dass heute in U-Booten Techniken und Technologien verwendet werden, die nur noch mit denen der Raumfahrt vergleichbar sind.

Heute zählen deutsche U-Boot-Technologien zu den weltweit führenden. Zwar gehörten die Deutschen nicht zu den ersten, die in ihrer Marine U-Boote eingeführt haben, aber auf deutschen Werften sind sehr bald – und das bis heute – die technisch anspruchsvollsten Boote konstruiert und gebaut worden. Darunter gab und gibt es immer wieder wegweisende Innovationen.

Dies Buch versucht zu zeigen, warum es so ist. Dafür habe ich vielen Menschen Dank zu sagen. Für viele Anregungen und kritische Durchsicht danke ich besonders Hans Saeger. Einen großen Dank sage ich allen Kollegen bei HDW und TKMS, die mir während meiner Dienstzeit bei HDW kompetent und geduldig den U-Boot-Bau erklärt und mir die Möglichkeit gegeben haben, ihn hautnah zu erleben. Für ihre freundliche Unterstützung danke ich Dr. Ute Arriens sehr, die mir bei der Beschaffung von Bild- und Informationsmaterial immer eine große Hilfe war. Ein weiter herzlicher Dank geht an Gabi Kolberg, die mit Verstand und scharfem Auge Korrektur gelesen hat. Und zum Schluss geht ein ganz großer Dank an meinen Freund Peter Neumann, mit dem mich viele schöne Bücher verbinden.

Jürgen Rohweder
Stein im Oktober 2015

HDW-Klasse 209/1400mod QUEEN MODJADJI. (YPS Peter Neumann)

U-Boot ARPÃO der portugiesischen Marine, HDW-Klasse 214, bei Testfahrten auf der Ostsee. (YPS Peter Neumann)

U 33 der Deutschen Marine, HDW-Klasse 212A in Begleitung des Versorgers STOLLERGRUND in der Eckernförder Bucht. (YPS Peter Neumann)

„Kannst du den Leviathan ziehen mit dem Haken und seine Zunge mit einer Schnur fassen? ... Wenn du deine Hand an ihn legst, so gedenke, dass es ein Streit ist, den du nicht ausführen wirst. ... Niemand ist so kühn, dass er ihn reizen darf; ... Wer kann ihm sein Kleid aufdecken? Und wer darf es wagen, ihm zwischen die Zähne zu greifen? ... Seine stolzen Schuppen sind wie feste Schilde, fest und eng ineinander. ... Aus seinem Munde fahren Fackeln, und feurige Funken schießen heraus. ... Wenn er sich erhebt, so entsetzen sich die Starken. ... Wenn man zu ihm will mit dem Schwert, so regt er sich nicht. ... Er macht, dass der tiefe See siedet wie ein Topf. ... Auf Erden ist seinesgleichen niemand; er ist gemacht, ohne Furcht zu sein." Buch Hiob 40,25 – 41,26

Leviathan erwacht

Auf einer Pressekonferenz im September 1945 sagte Chester W. Nimitz, 5-Sterne-Admiral und Oberbefehlshaber der amerikanischen Pazifikflotte: „Schlachtschiffe sind die Schiffe von gestern, Flugzeugträger sind die Schiffe von heute, aber die U-Boote werden die Schiffe von morgen sein."[1] Für seine Marinekameraden auf allen Seiten der sieben Meere, die immer noch in den Dimensionen der konventionellen Seekriegsführung dachten und größten Respekt vor den Überwasser-Mammuts mit ihrer eindrucksvollen Größe und Kampfkraft hatten, mag das eine sehr kühne Prognose gewesen sein.

Sicher hatte das U-Boot in beiden vorhergegangenen Weltkriegen eine beachtliche Rolle gespielt, aber letztlich hatten im 2. Weltkrieg die gemeinsamen Kräfte der Alliierten – Überwasserschiffe und Flugzeuge – die gefürchteten deutschen Wolfsrudel entscheidend geschlagen. Die technische Überlegenheit der U-Boot-Abwehr wog schließlich die technische Überlegenheit der deutschen Standard-U-Boote auf. Nur Eingeweihte hatten gesehen, dass in Deutschland ein neuer U-Boot-Typ mit ganz neuen Fähigkeiten angetreten war, die Rolle des U-Boots neu zu definieren. Der Übergang vom ehemaligen tauchfähigen Überwasserschiff zum echten U-Boot war mit den deutschen U-Boot-Typen XXI und XXIII gelungen. Der Einsatz derartiger Boote forderte ein völliges Umdenken in der strategischen Rolle, die ein modernes U-Boot künftig zu spielen hatte.

Strategien sind immer auch abhängig von den technischen Möglichkeiten. Tatsächlich war daher der Weg von den ersten Tauchbooten des 18. und 19. Jahrhunderts zum modernen U-Boot unserer Tage sehr lang. Schon Leonardo da Vinci hatte 1515 Entwürfe für ein U-Boot angefertigt, und 1580 veröffentlichte der Engländer William Borne die Beschreibung eines Tauchboots. 1654 entwarf der Franzose de Son einen Halbtaucher, das

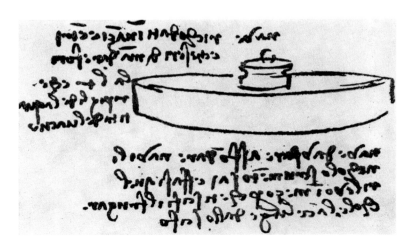

Leonardo da Vinci: Skizze eines Tauchfahrzeugs 1515.

„Rotterdam-Boot", wahrscheinlich das erste U-Boot für militärische Zwecke, das unbeobachtet feindliche Schiffe angreifen und ein Loch in ihre Bordwand rammen sollte. 1776 baute der Amerikaner David Bushnell das erste U-Boot, die TURTLE, das im amerikanischen Unabhängigkeitskrieg tatsächlich ein Kriegsschiff angreifen und mit Hilfe eines Bohrers durchlöchern und eine mit einem Zeitzünder versehene Bombe hineinstecken sollte. Allerdings misslang der Angriff auf ein britisches Kriegsschiff im Hafen von New York, weil der Bohrer die Bordwand nicht durchstoßen konnte. Wenigstens kam Sergeant Ezra Lee, der das Boot steuerte, unversehrt zurück.

Die strategischen Vorteile eines U-Boots hat 1797 zum ersten Mal der Amerikaner Robert Fulton beschrieben: „Sollten Kriegsschiffe mit so neuartigen, so verborgenen und so unberechenbaren Mitteln zerstört werden, würde das Vertrauen der Seeleute schwinden und die Flotte würde nutzlos vom ersten Augenblick des Angriffs aufgegeben."[2] – eine erste Formulierung der Abschreckungstheorie für U-Boote. Fulton lebte in Paris und unterstützte Napoleon im Seekrieg gegen England. Er bot den Franzosen an, ein U-Boot zu bauen, von dem er hoffte, die Royal Navy zu vernichten. So baute er auf eigene Kosten die NAUTILUS, die er auch selbst steuern wollte. Als Gegenleistung verlangte er eine Bezahlung für jedes

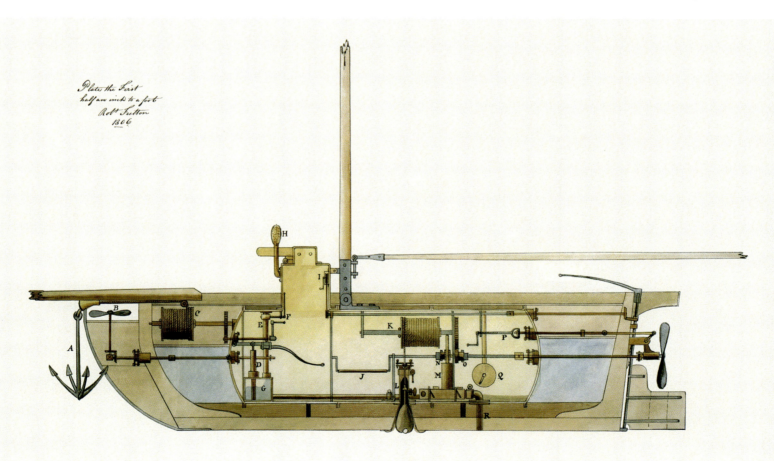

Entwurf eines Unterseebootes von Robert Fulton aus dem Jahr 1806.

englische Schiff, das er zerstörte. Er baute das U-Boot, das Namensgeber für das erste amerikanische Atom-U-Boot werden sollte, und unternahm mit ihm mehrere erfolgreiche Tauchfahrten. Dabei erreichte er Tiefen von bis zu über 8 Metern und blieb bis zu sechs Stunden unter Wasser. Für die Luftzufuhr sorgte ein Rohr, das bis zur Wasseroberfläche reichte – ein Vorläufer des Schnorchels. Die handgetriebene NAUTILUS, praktisch eine Weiterentwicklung der TURTLE, erreichte per Handbetrieb schweißtreibend eine anhaltende Unterwassergeschwindigkeit von 4 Knoten; über Wasser sorgten Mast und Segel für das bequeme Weiterkommen.

Fulton, dem die französische Regierung den Rang eines Konteradmirals verliehen hatte, versuchte mehrere erfolglose Angriffe auf englische Kriegsschiffe. Denn die britischen Mariner sahen die NAUTILUS kommen – und gingen ihr einfach aus dem Weg. So verlor auch die französische Marine ihr Interesse an dem Schiff und ein neuer Marineminister befand, dass NAUTILUS vielleicht zur Bekämpfung algerischer Piraten nützlich sein könnte, aber Frankreichs Interessen lägen nun einmal auf dem weiten Ozean. Immerhin: 70 Jahre später setzte Jules Verne mit seinem Roman „20 000 Meilen unter dem Meer" der NAUTILUS ein unvergängliches Denkmal – und Verne wurde damit nicht zuletzt einer der Begründer des U-Boot-Mythos, der auch heute ungebrochen ist.

Frühe Ideen zum U-Boot-Bau gab es auch in Deutschland. Graf Wilhelm zu Schaumburg-Lippe, der mitten im Steinhuder Meer nahe Hannover die Festung Wilhelmstein erbaut und dort eine Kriegsschule eingerichtet hatte, ordnete 1772 den Entwurf eines fischförmigen U-Boots an, das den Namen HECHT bekam. Das abenteuerliche Gefährt aus Eichenholz mit beweglicher Schwanzflosse soll im Steinhuder Meer getaucht 12 Minuten lang gefahren sein. Heute erinnert ein Modell des HECHT auf der Ausflugsinsel an die frühen Ideen und Pläne des Konstrukteurs Jakob Chrysostomus Praetorius, der sogar plante, mit dem Schiff in sechs Tagen unbemerkt nach Portugal zu reisen, um Briefe, Sachen oder Personen für den Fall in Sicherheit zu bringen, wenn die Festung belagert werden sollte.

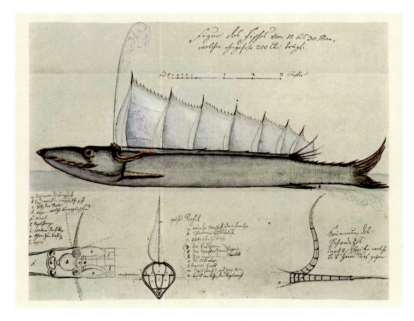 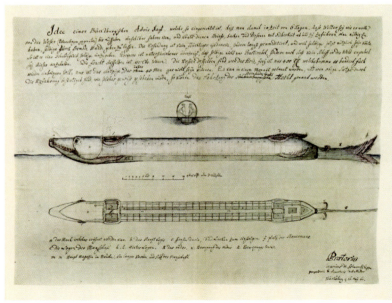

Blieb nur Modell: Der Entwurf des STEINHUDER HECHTS aus dem Jahr 1772.

Der deutsch-dänische Krieg von 1848 bis 1851 war der Anlass für neuen Schwung deutschen unterseeischen Erfinderdrangs. Der preußische Regierungs-Geometer Gustav Winkler aus Halberstadt reichte seiner Regierung den Entwurf für ein militärisch nutzbares Tauchboot ein, die offensichtlich damit nichts zu tun haben wollte und ihn an die deutsche Nationalversammlung in Frankfurt/Main verwies. Dort behandelte 1848 der Marine-Ausschuss sein Anliegen. Dem allerdings fehlte das Geld, um auch nur ein Versuchsboot bauen zu lassen, und der Fall wurde zu den Akten gelegt. Technisch interessant ist der Entwurf dennoch. Äußerlich ähnelt das 6 Meter lange Schiffchen modernen Kleinst-U-Booten. Und: Winkler war vom Handbetrieb abgerückt. Er sah als Antrieb eine Art sprengstoffgetriebene Maschine vor – konzeptionell ein entscheidender Schritt für die Zukunft des modernen U-Boots.

Mehr Erfolg hatte der bayerische Unteroffizier Wilhelm Bauer. Der gelernte und technisch hochbegabte Drechsler hatte sich 1848 dem 1. Königlich Bayerischen Artillerie-Regiment „Prinz Luitpold" angeschlossen und nahm als Korporal in der 10. Feldbatterie des Regiments am deutsch-dänischen Krieg teil. 1850 wechselte er in die schleswig-holsteinische Armee über und machte, angeregt von seinen Beobachtungen der Versuche, 1849 die Schiffsbrücke über den Alsen-Sund zu sprengen, seinen Vorgesetzten den Vorschlag, Sprengladungen heimlich unter Wasser an Brücken oder Schiffen des Feindes anzubringen. Das Vehikel dazu war ein Tauchboot – der „Brandtaucher".

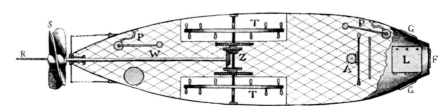

Das Innere, von oben gesehen.

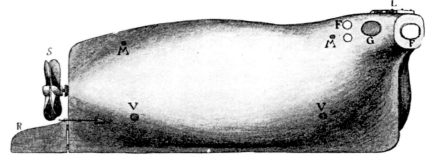

Äußere Ansicht.

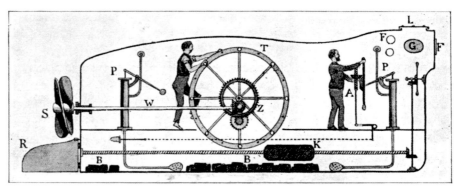

Das Innere, von der Seite gesehen.

Der Bauersche Brandtaucher.

Länge: 7,90 m. Breite: 2,00 m. Höhe: 3,00 m.

S Archimedische Schraube.
W Schraubenwelle.
R Steuerruder.
A Steuerapparat.
T Treträder.
Z Zahnradsystem.
P Pumpen.
K Verschiebbares Balanciergewicht.
B Eisenballast.
V Ventile für das einzulassende Wasser.
M Öffnungen für das auszupumpende Wasser.
F Mit Glas verschlossene Fenster.
G Mit Gummi verschlossene Öffnung zum Hinausgreifen, um Sprengminen an den feindlichen Schiffen zu befestigen.
L Einsteigeluke.

Der BRANDTAUCHER in einer zeitgenössischen Darstellung.

Das Boot war technisch ein Quantensprung, und viele bezeichnen es heute als das erste „moderne" U-Boot der Welt. Tatsächlich wies der Entwurf gegenüber allen Vorgängern viele Neuerungen auf, die auch heute in allen modernen Booten verwirklicht sind.[3] Der BRANDTAUCHER besaß neben Tauch- und Regelzellen ein Trimmgewicht; um die Tauchtiefe zu messen, er benutzte Manometer und ein Wasserstandsglas, dessen Prinzip später als „Papenberg" bekannt wurde.

In späteren Konstruktionen führte Bauer abwerfbare Ballastgewichte zur Erleichterung des Notaufstiegs, Tiefen- und Seitenruder und die Lufterneuerung durch eine Art Schnorchel ein. Bauer hatte auch erkannt, dass der Tretmühlenantrieb alles andere als vorteilhaft war und unternahm in seinen späten Jahren erste Versuche mit Petroleummotoren und Dampfturbinen.

Wilhelm Bauer

in seine bayerische Heimat zurück und arbeitete fieberhaft an neuen Konstruktionen, die seine Erfahrungen mit dem BRANDTAUCHER berücksichtigten und den ursprünglichen Entwurf weiterentwickelten. Er ließ sie sich in England patentieren und es gelang ihm, den Auftrag zum Bau eines Tauchbootes für die russische Marine zu bekommen. DER SEETEUFEL wurde in St. Petersburg gebaut und 1856 in Dienst gestellt. Das Boot unternahm 134 erfolgreiche Unterwasserfahrten, bis es durch einen Bedienungsfehler sank. Am Rande bemerkt: Die spektakulärste Tauchfahrt unternahm der SEETEUFEL anlässlich der Krönung von Zar Alexander II. im Jahr 1856. An Bord hatte er eine vierköpfige Kapelle aus Blechbläsern, die unter Wasser die russische Nationalhymne so laut spielte, dass es auch über Wasser zu hören war.

Bekanntlich ging der BRANDTAUCHER bei der Probefahrt unter, weil die Kommission, die den Entwurf zu begutachten hatte, der Ansicht war, dass das Tauchboot nicht so solide ausgeführt sein müsste, wie Bauer es vorsah, und außerdem fehlte ihr das Geld. So konnten bei Schweffel & Howaldt in Kiel entgegen dem ursprünglichen Konzept notwendige Maschinenteile nicht eingebaut werden – vor allem die geplanten Tauch- und Regelzellen – und es mussten „wichtige Theile des Apparates durch andere, einfachere aber ungenügendere ersetzt werden"[4], wie das spätere Gutachten nach der Havarie feststellt, das freilich Bauer von einer Schuld am Untergang des Tauchbootes freispricht.

Nach dem Ende des deutsch-dänischen Krieges kehrte Wilhelm Bauer

Immerhin waren die Leistungen Bauers und seines Tauchbootes so beeindruckend, dass die zuständigen russischen Offiziere nach den Tauchversuchen auf der Reede von Kronstadt die Ergebnisse so zusammenfassten: „Zum Schluss lässt sich sagen, dass die Idee des Unterseebootes vollständig verwirklicht worden ist, aber das Ziel seiner Erbauung in der Praxis bei weitem noch nicht erreicht ist. Da aber die Versuche erwiesen haben, dass die Hauptelemente der Aufgabe gelöst worden sind, so kann man bei einer Vervollkommnung der Bootskonstruktion auf einen unvergleichlich besseren Erfolg der Unterseefahrt hoffen."[5]

Zumindest eines hatte der BRANDTAUCHER zum ersten Mal in der Praxis gezeigt: die abschreckende Wirkung von Unterseebooten. Denn die dänische Flotte, die im deutsch-dänischen Krieg den Kieler Hafen blockierte, zog sich schon nach den ersten Gerüchten über den Bau des BRANDTAU-

CHERS, die ihr dänische Spione zugetragen hatten, schleunigst auf die entgegengesetzte Seite der Ostsee zurück.

Militärisch aber spielte das U-Boot noch lange nur eine Rolle in den Köpfen der Visionäre. Technisch und strategisch waren die U-Boote zunächst noch weit entfernt davon, eine ernsthafte Rolle in Seekriegen zu spielen, solange sie von Hand angetrieben wurden und als Waffe an Spieren angebrachte Minen benutzten. Ihre Auftritte im amerikanischen Sezessionskrieg blieben Episoden, gaben aber Anlass, die U-Boot-Waffe intensiv weiter zu entwickeln. Denn die Konföderierten erzielten mit Versenkung und Beschädigung von Schiffen der Union durchaus Erfolge. Ingenieure und Erfinder in Europa und den Vereinigten Staaten gaben

So stellte „Die Gartenlaube" 1863 die Fahrt von Bauers SEETEUFEL dar. Er wird hier fälschlich als „Brandtaucher" bezeichnet.

die Anstöße für die Entwicklung von U-Boot-Antrieben und effektiven Torpedos, die erst das einsatzfähige U-Boot ausmachten.

Den entscheidenden Schritt zur Einführung eines effektiven U-Boot-Antriebs tat der irisch-amerikanische Erfinder John Philip Holland. Als erster brachte er 1897 eine Verbrennungsmaschine unter Deck, die über Wasser das Boot antrieb und zugleich Batterien für die Unterwasserfahrt lud. Die US Navy kaufte das Boot nach ausführlichen Testfahrten im Jahr 1900 und stellte es als USS HOLLAND in Dienst – das Vorbild für eine ganze Reihe weiterer Boote in mehreren Marinen in den USA und Europa. Die „Holland-Klasse" brachte den Durchbruch zum einsatzfähigen U-Boot.

Die ersten U-Boote nutzten als Treibstoff noch Benzin. Das allerdings ist gefährlich. Es ist leicht entzündlich, und so ereigneten sich auf den Booten viele kleinere und einige größere Explosionen. Auf den ersten deutschen U-Booten kam daher Petroleum als Treibstoff zum Einsatz, das allerdings nicht nur beißenden Geruch verbreitete, sondern auch weit sichtbare dichte weiße Abgase entwickelte. Erst der

Die USS HOLLAND wurde 1900 auf Vorschlag des damaligen stellvertretenden Marineministers Theodore Roosevelt gekauft und von der US Navy in Dienst gestellt.

Diesel, der um 1910 herum an Bord kam, war eine verlässliche und sichere Antriebsquelle. Strategisch einsatzfähig wurden U-Boote erst durch den Torpedo mit Eigenantrieb. Versenkungserfolge hat zwar schon Robert Fulton mit einem Spierentorpedo im Versuch erzielt und dabei 1805 die Brigg DOROTHEA innerhalb von 20 Sekunden in die Luft gesprengt.[6] Und im amerikanischen Sezessionskrieg hat 1864 als erstes Tauchboot der Welt im Kriegseinsatz das U-Boot der Konföderierten HUNLEY die HOUSATONIC der Unionstruppen mit einem Spierentorpedo versenkt, ging dabei aber selbst unter – nach jüngsten Theorien jedoch nicht durch die Explosion, sondern die Besatzung starb an Sauerstoffmangel.

Der Torpedo mit eigenem Antrieb war die geeignete Waffe für U-Boote. So ist das Vorbild für alle modernen Torpedos der Whitehead-Torpedo, benannt nach seinem Erbauer, dem englischen Ingenieur Robert Whitehead, den er in einer ersten Version 1866 vorstellte. Dieser Torpedo wurde von Pressluft angetrieben, nachdem sich frühere Antriebe – etwa Uhrwerk oder Schwungrad – als nicht effektiv erwiesen hatten. Zwei

Als erstes Tauchboot der Welt im Kriegseinsatz versenkte die CSS H. L. HUNLEY am 6. Dezember 1864 die HOUSATONIC der Unionstruppen mit einem Spierentorpedo.

gegenläufige Schrauben sorgten für den Geradeauslauf. Lenkbar waren die ersten Torpedos nicht. Das blieb späteren Entwicklungen vorbehalten. Die frühen Torpedos liefen nach Abschuss so lange geradeaus, bis sie ihr Ziel erreicht hatten oder der Treibstoff verbraucht war.

Mit dem motorisierten und torpedobewaffneten U-Boot war ein Kriegsschiff entstanden, das eine neue Qualität in die Strategie der Seekriegsführung einführte. Das jedoch machte ein Umdenken in den Köpfen altgedienter Marineoffiziere notwendig, die gewohnt waren, in Kategorien der großen grauen Schiffe auf den Wellen des brausenden Meeres zu denken. Neues Denken fiel ihnen schwer. Und darüber hinaus gerieten sie in ein moralisches Dilemma. Das zeigt das Beispiel der Royal Navy, die 1900 bereits fünf U-Boote in Auftrag gegeben hatte.[7] Die alten Admirale waren der Ansicht, dass eine verdeckte Kriegsführung grundsätzlich illegal war. Gentlemen kämpften ihrer Ansicht nach von Angesicht zu Angesicht und trugen leicht zu identifizierende Uniformen. So versprachen die Befürworter der U-Boot-Waffe, mit Vorsicht voranzugehen, um zunächst den „Wert von U-Booten im Besitz unserer Feinde" zu untersuchen. Unsterblichkeit sicherte sich dabei Konteradmiral A.K. Wilson mit dem viel zitierten Ausspruch, nach dem das U-Boot: „hinterhältig, unfair und verdammt unenglisch" sei. Und so empfahl er der Regierung, alle U-Boote im Krieg als Piraten zu behandeln und die Besatzungen kurzerhand aufzuknüpfen. Allerdings schritten Zeit und Entwicklung schnell über den wackeren Admiral hinweg. Trotz der alten ethischen Vorurteile gegen U-Boote sah die maritime Welt am Vorabend des Ersten Weltkrieges eine beachtliche U-Boot-Flotte auf den Meeren: England besaß mit 74 U-Booten im Dienst, 31 im Bau und 7 in der Planung – die größte U-Boot-Flotte der Welt. Ihm folgten Frankreich mit 62 Booten im Dienst und 9 im Bau, Russland mit 48 Booten im Dienst, Deutschland mit 28 im Dienst und 17 im Bau, die Vereinigten Staaten mit 30 im Dienst und 10 im Bau, Italien mit 21 im Dienst und 7 im Bau, Japan mit 13 im Dienst und 3 im Bau sowie Österreich mit 6 im Dienst und 2 im Bau.[8] Zusammen also 282 in Dienst gestellte U-Boote, 79 würden in absehbarer Zeit folgen und die Ablieferung von 7 weiteren Booten stand in den Sternen.

Allerdings wusste damals niemand so recht, wie den Booten zu begegnen war. Keine Nation hatte Methoden entwickelt, U-Boote aufzuspüren und sie anzugreifen, wenn sie entdeckt wurden. Die Antwort darauf duldete keinen Aufschub. Denn wenige Wochen nach Ausbruch des Ersten Weltkriegs versenkte das deutsche U-Boot U 21 den britischen Kreuzer PATHFINDER mit nur einem Torpedo. Der Eintritt des U-Boots in den Seekrieg hat die maritime Kriegsführung unwiderruflich verändert. Das Zeitalter der U-Boote war angebrochen.

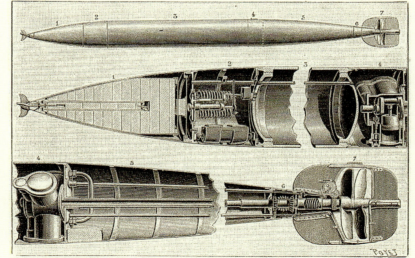

Der Mechanismus des Whitehead-Torpedos, wie ihn die Zeitung „La Nature" 1891 veröffentlichte.

Die Rolle des U-Boots in modernen Szenarios

Heute besitzen weltweit 41 Marinen rund 450 U-Boote, und ihre Zahl wächst. Die meisten Marinen modernisieren ihre U-Boot-Flotte, sie vergrößern sie oder beides. Bis zum Jahr 2021 sollen über 150 U-Boote hinzukommen.[1] Das wird nach heutigen Berechnungen mehr als 210 Milliarden US-Dollar kosten. Davon geben die USA 80 Milliarden US-Dollar aus, die europäischen Länder zusammen 70 Milliarden, die regionalen Spannungen in Asien sorgen für Ausgaben von über 50 Milliarden und in Lateinamerika tragen in erster Linie Brasilien und Argentinien die Hauptlast von Ausgaben in Höhe von 10 Milliarden US-Dollar. Weitere Aktualität erhält diese Marktstudie durch zwei Meldungen vom Dezember 2013: So berichtete die russische Agentur RIA Novosti am 24. Dezember von der Indienststellung des strategischen Atom-U-Boots ALEXANDER NEWSKI des Projekts 955 Borej, das der russischen Pazifik-Flotte zugeteilt und auf der Halbinsel Kamtschatka stationiert wird. Dort wird auch das dritte Boot der Borej-Klasse, WLADIMIR MONOMACH, stationiert. Der russische Präsident Putin will bis zum Jahr 2020 acht Atom-U-Boote in Dienst stellen.[2] Schon zwei Jahre zuvor berichtete die „Washington Post", dass Planer des Pentagon in einer Studie die Verlegung eines oder mehrerer Angriffs-U-Boote in den Pazifik empfehlen, in dem auch China im Gelben Meer zunehmend aggressiv agiert.[3] Das zeigt sich nicht zuletzt im Streit um die Senkaku-Inseln. Daher planen Japan und Australien ihre Ausgaben für neue U-Boote zu erhöhen, und im Dezember 2013 hat die Marine Singapurs zwei U-Boote der hochmodernen HDW-Klasse 218 SG in Kiel bestellt. So nimmt es angesichts der anhaltenden globalen Konflikte aller Art kaum Wunder, dass immer mehr Nationen, die bisher keine U-Boote in ihren Marinen besaßen, sich jetzt damit ausrüsten, um ihre Küsten und Seegebiete zu schützen.

Die steigenden Rüstungsausgaben Chinas haben – verbunden mit der zunehmenden Bedrohung durch die chinesische Marine und ganz besonders die Spannungen um die Integrität von Inseln im Pazifik – dazu geführt, dass die Staaten im asiatischen Raum planen, dieser Bedrohung höhere Ausgaben für U-Boot-Kapazitäten entgegenzusetzen. Sowohl Japan als auch Australien wollen ihre U-Boot-Flotte in den nächsten zehn bis fünfzehn Jahren vergrößern.

Warum U-Boote? In den vergangenen 100 Jahren hat sich das U-Boot zu einem festen und wertvollen strategischen und operativen Bestandteil der Flotten entwickelt, denn es ist im Einsatz extrem flexibel und eine wertvolle Ergänzung der übrigen strategischen Ressourcen der Streitkräfte einer Nation. Die Einsatzmöglichkeiten und -taktiken des U-Boots haben sich in der Vergangenheit im Gleichschritt mit dem technischen Fortschritt ständig weiterentwickelt.

Die ersten U-Boote, die die Marinen um die Jahrtausendwende zum 20. Jahrhundert anschafften, waren einfache Tauchboote, die weitgehend als Überwasserschiffe fungierten. Sie marschierten über Wasser in ihre Einsatzgebiete und tauchten nur zum Angriff mit dem Torpedo unter, und sie versuchten unter Wasser nach dem Angriff getaucht zu entkommen. Ihre einfachen Torpedos liefen nur geradeaus und mit einiger Erfahrung oder Glück konnten sie ein gegnerisches Schiff versenken. Diese Angriffs-Strategie bezeichnen wir mit einem modernen Begriff als Anti Surface Warfare (ASuW)[4]. Sehr viele Gegenmittel gab es dagegen nicht. Als effektivste Gegenmaßnahme hatte sich im ersten Weltkrieg das Konvoi-System erwiesen, das einigermaßen Schutz bot.

Im Prinzip hatte sich an dieser Strategie im Zweiten Weltkrieg nichts geändert. Nach wie vor war es die Hauptaufgabe der U-Boote, feindliche Kriegs- oder Handelsschiffe zu suchen und möglichst mit dem Torpedo zu versenken, und nach wie vor tauchten die U-Boote nur zum Angriff oder zum Entkommen auf. Die Hauptwaffe blieb der Torpedo, wenn auch in verbesserter Form. Allerdings hatten es die Boote nun schwerer. Das bekamen vor allem die deutschen U-Boote zu spüren. Die Alliierten hatten mit Einsatz des Radars und der Fernaufklärung durch Flugzeuge

Konvoi WS-12 auf dem Weg nach Kapstadt im November 1941. Ein Vought SB2U Vindicator-Aufklärungsbomber fliegt Aufklärung gegen U-Boote. (Foto: US Navy Naval Historical Center)

wirksame Mittel entwickelt, U-Boote aufzuspüren und zu bekämpfen. Allein im „Schwarzen Mai" 1943 verlor die Kriegsmarine 43 U-Boote.

Die Antwort darauf war zunächst die Einführung des Schnorchels, der getauchte Unterwasserfahrt erlaubte, die das Boot schwer ortbar machte. Daneben entwickelte die Kriegsmarine weitere Taktiken und Techniken, um die Boote zu schützen. Dennoch blieben die U-Boote trotz ihrer Bezeichnung doch nur tauchfähige Überwasserschiffe. Den entscheidenden Schritt zum echten U-Boot machte die Kriegsmarine mit dem U-Boot-Typ XXI, dessen Konstruktion und Bau Admiral Karl Dönitz 1943 anordnete. Die Konstruktion des 1.800-Tonnen-Typs XXI war so fortschrittlich, dass sie zum Vorbild für alle Unterseeboote wurde, die die Marinen in den USA, England und der Sowjetunion nach dem Zweiten Weltkrieg in Dienst stellten. Nach dem gleichen Prinzip entstand der mit 250 Tonnen kleine Typ XXIII, ein Küsten-U-Boot, das im Gegensatz zum Typ XXI noch bei Kriegsende zum Einsatz gelangte. Die gleichen Konstruktionsmerkmale wies schließlich auch der Typ XXVII – das Kleinst-U-Boot „Seehund" – auf, von dem rund 300 Boote bei Kriegsende gebaut wurden. Eine Verzweiflungstat, denn diese unausgereifte Konstruktion war für die Besatzungen gefährlicher als für die Alliierten.

Daneben untersuchten die Ingenieure eine Reihe von Möglichkeiten, neben dem Schnorchel einen echten außenluftunabhängigen Antrieb für U-Boote zu entwickeln: Die Walter-Turbine, die als Brennstoff Wasserstoffperoxid nutzte und den Kreislaufdiesel, dessen Abgase gereinigt und mit Sauerstoff angereichert, dem Motor wieder zugeführt werden sollten. Diese Entwicklungen blieben allerdings im Versuchsstadium stecken.

Nach dem Ende des Zweiten Weltkrieges blieben U-Boote ein fester Bestandteil aller größeren Marinen. Im Kalten Krieg, der sich bald daran anschloss, hatten sie fest umrissene Aufgaben: Im Wesentlichen hatten sie Landungsverbände oder hochwertige Ziele zu bekämpfen. Daneben konnten konventionelle U-Boote unbeobachtet Minen legen. U-Boot-Jagd war ihnen in der Regel nicht möglich, allerdings hatten die Boote die Fähigkeit zur U-Boot-Abwehr. Ihre Fähigkeiten waren begrenzt, denn ihre passiven Sensoren besaßen nur eine geringe Auffassreichweite, und ihre Höchstgeschwindigkeit unter Wasser, die bei der U-Jagd unerlässlich ist, stand nur für kurze Zeit zur Verfügung. Aktive Sonare setzten sie meistens nur dann ein, wenn sie bereits von einem anderen U-Boot geortet wurden.

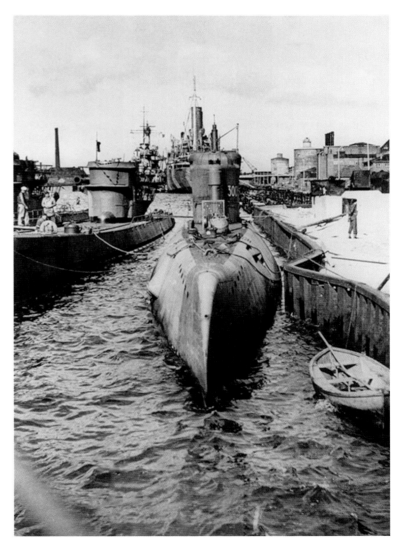

U-3008, Typ XXI, und zwei Typ IX U-Boote in Wilhelmshaven Juni 1945. (Foto: US Navy)

Sensoren und Bewaffnung waren im Wesentlichen für Angriffe auf Überwasserziele ausgelegt. Auch das Sammeln von Informationen im Rahmen von Aufklärungsaktionen war nur eingeschränkt möglich, weil die damaligen Sehrohre und Radarwarnempfänger nur geringe Reichweiten besaßen und damit tiefgehende Analysen nicht zuließen. Schließlich war auch die Kommunikation mit der Landbasis schwierig. Denn die Boote konnten über Sprech- und Schreibfunk Informationen weitergeben und empfangen, aber ihre Aufklärungsergebnisse konnten sie nicht im vollen Umfang weitergeben. Sie standen taktisch nur dem Boot selbst zur Verfügung. Eine Verbesserung schaffte erst die Einführung der Satellitenkommunikation [5].

Am 30. September 1954 stellte die US Navy mit der USS NAUTILUS das erste Atom-U-Boot der Welt in Dienst. Dieses Schiff hat den Seekrieg dramatisch verändert. Der Reaktor hat dem U-Boot eine ganz neue Qualität verschafft – ein U-Boot, das Monate getaucht unter Wasser bleiben, ebenso lange hohe Geschwindigkeiten beibehalten und sich in den Weiten der Ozeane verstecken kann. Den Erweis erbrachte das Boot 1958 mit der Unterquerung des Nordpols, und 1960 umquerte USS TRITON den Globus – getaucht. Die einzige Begrenzung für die Bewegungsfreiheit der Boote waren der mitgeführte Proviant und die Moral der Crew in der engen Röhre. Der lebensnotwendige Sauerstoff wurde aus Seewasser extrahiert. Die USA blieben nicht lange allein im Besitz von Atom-U-Booten. Die russische Marine folgte der US Navy auf dem Fuße. Sie stellte mit K-3 LENINSKI KOMSOMOL 1958 ihr erstes Atom-U-Boot in Dienst. Es war ein typisches Produkt des Rüstungswettlaufs mit den USA, denn bei aller Leistungsfähigkeit war es unausgereift, pannenanfällig und letztlich für die Besatzung gefährlich. Dennoch: Die Marinen der beiden Großmächte hatten den strategischen Wert der U-Boote mit dem neuartigen Antrieb erkannt und trieben seine Weiterentwicklung um jeden Preis – vor allem in der UdSSR – voran. Das Atom-U-Boot wurde der Leviathan des Kalten Krieges und führte den Seekrieg in eine neue Dimension.

Konteradmiral Hyman George Rickover, US Navy, gilt als „Vater der Nuklearmarine" und leitete als Direktor von Naval Reactors über Jahrzehnte deren Betrieb.
(Foto: US Naval Historical Center, um 1955)

Allerdings waren die USS NAUTILUS und ihre russischen Nachfolger zunächst noch mit der Waffe des Zweiten Weltkriegs ausgerüstet, dem Torpedo. Den entscheidenden Schritt zum modernen Atom-U-Boot brachte die Einführung der ballistischen Rakete. Am 30. Dezember 1959 stellte die US Navy die USS GEORGE WASHINGTON (SSBN-598) in Dienst – das erste Atom-U-Boot der Welt, das mit ballistischen Raketen bewaffnet war. Auch hier kam die russische Antwort rasch: Die russische Marine stellte ihr erstes Raketen-U-Boot der „Hotel"-Klasse – das berüchtigte K 19 – am 12. November 1960 in Dienst. Der erfolgreiche Abschuss von zwei Polaris-A1-Raketen im Juli 1960 war der endgültige Wendepunkt in der Stellung des U-Boots: Die raketenbestückten Atom-U-Boote üben Macht aus. Sie bleiben unentdeckt und stellen damit sicher, dass ein Erstschlag die nuklearen Möglichkeiten der anderen Seite nicht schachmatt setzt. Zusätzlich zu den Raketen setzten die Marinen ab den 60er Jahren Marschflugkörper ein. Das Atom-U-Boot war als Bestandteil der atomaren Abschreckung im Kalten Krieg zum Instrument der nationa-

Stapellauf der USS NAUTILUS am 21. Januar 1954. (Foto: US Navy)

len Strategien der Großmächte, zu denen sich Nationen wie England und Frankreich gesellten, geworden.[6] Und heute setzen immer mehr Marinen auf Atom-U-Boote: Mit Indien und China sind es inzwischen sechs Mächte – Admiral Hyman Rickovers Saat ist aufgegangen.

So spielen die Atom-U-Boote der Supermächte im Kalten Krieg eine herausragende Rolle. Die USA stellten in den folgenden Jahren 41 Boote mit ballistischen Raketen und 104 Jagd- und Angriffs-U-Boote in Dienst. Die Zahlen der sowjetischen Marine liegen weit höher, da die UdSSR ihrer U-Boot-Waffe eine höhere Priorität beimaß. Von außen betrachtet spielten die Supermächte im Kalten Krieg Katz und Maus miteinander. Diese verharmlosende Bezeichnung darf nicht darüber hinwegtäuschen, dass sie in Wahrheit einen heimlichen, aber verbissenen Kampf miteinander führten, den sie allerdings nicht zum offenen Konflikt eskalieren ließen. So führten beide Seiten zahlreiche verdeckte und auch höchst riskante Operationen durch, bei denen es darum ging, möglichst viele Informationen über den Gegner zu sammeln. Das schloss gelegentliche ernsthafte Konfrontationen nicht aus. Es gab eine Reihe von Kollisionen zwischen amerikanischen und russischen U-Booten und Unfälle, die zum Teil tragisch endeten. Aber es gab auch skurrile Ereignisse, wie das vor dem schwedischen Karlskrona gestrandete russische Diesel-U-Boot, das als „Whisky on the rocks" in die Geschichte einging. Das Atom-U-Boot blieb die ständige Bedrohung der Welt durch die geheimen Abschussbasen in den dunklen Tiefen der Sieben Meere.

Im Kalten Krieg haben U-Boote die Prophezeiung von Admiral Niemitz aus dem Jahr 1945 erfüllt. Sie sind zu den Schiffen der Zukunft geworden. Dazu schrieb Maxim Worcester: „Die Herrschaft über die See liegt heute eher unter als über Wasser. Das hat der Falkland-Krieg im Jahr 1982 klar bewiesen. Dieser kurze Krieg im Süd-Atlantik hat gezeigt, dass selbst gut bemannte und moderne Überwasserschiffe sich nicht gegen Hochleistungsdüsenjäger und schon gar nicht gegen atomar angetriebene Angriffs-U-Boote verteidigen können."[8] Und er schreibt weiter: „Die Ära des U-Boots als vorherrschende Waffe auf See hat begonnen…"

DIE HERAUSFORDERUNGEN DES 21. JAHRHUNDERTS

Im 20. Jahrhundert ist das U-Boot mit den wachsenden technischen Errungenschaften und Fähigkeiten und zunehmenden Erfahrungen mit seinem Einsatz in seine Rolle hineingewachsen. Im 21. Jahrhundert muss es sie ausfüllen. Im letzten Jahrhundert hat es bereits eine entscheidende Rolle in diversen Konflikten gespielt, die noch auf der Bühne konventioneller Kriegsführung und Konfliktbewältigung – zuletzt im Kalten Krieg – stattfanden. In der Zukunft aber wird es Aufträge übernehmen müssen, die untraditionell sind und sich weit von der althergebrachten Kriegsführung unterscheiden, bei der es darum ging, feindliche Schiffe zu versenken oder Seewege zu versperren.

Die Sicherheitslage der Welt hat sich dramatisch verändert: Spätestens nach dem 11. September 2001 haben weltweit die Politik und die breite Öffentlichkeit erkennen müssen, dass zwar der Kalte Krieg beendet ist, dass aber damit nicht ein Frieden angebrochen ist, der endlich Demokratie, Freiheit und Wohlstand für alle verspricht. Das Gegenteil ist eingetreten: In den letzten beiden Jahrzehnten haben wir schwerwiegende politische und militärische Krisen und bewaffnete Konflikte in Europa, Afrika, im Nahen und im Fernen Osten erlebt. Und sie dauern an und haben bis heute nicht an Bedrohlichkeit verloren. Der Kalte Krieg war noch berechenbar und hatte seine gewisse Stabilität und damit Sicherheit. Die Akteure waren bekannt und bis zu einem gewissen Grad vorhersehbar in ihren Handlungen und Reaktionen. Der globale Konflikt zwischen zwei ideologischen Lagern, vertreten durch zwei alles bestimmende Supermächte im Westen und Osten, ließ lokale Konflikte in den Hintergrund treten. Und: Verständigung und Kompromiss zwischen beiden Lagern war möglich. Dass es letztlich gelungen ist, die dramatische Kuba-Krise abzuwenden, ist ein gutes Beispiel dafür.

Unser Globus ist nach dem Ende des Kalten Krieges weniger sicher geworden. Unsere einst so wohl organisierte Welt mit ihrer eng verflochtenen Wirtschaft sieht sich neuen Bedrohungen ausgesetzt, die keine nationalen Grenzen mehr kennen: Der Kampf um die schrumpfenden Ressourcen hat begonnen. Die Erdölförderung hat ihren Höhepunkt überschritten und der Kampf um die restlichen Vorräte wird insgeheim längst geführt. Die Bodenschätze unter dem Eis der Arktis haben Begehrlichkeiten bei allen Anrainern des Eismeeres geweckt. Hier schlummert ein gefährlicher Krisenherd. China expandiert aus dem gleichen Grund aggressiv im Roten Meer und versetzt die gesamte Region in Alarmstimmung, mit der Folge, dass seine Nachbarn ihre Seestreitkräfte drastisch aufrüsten – nicht zuletzt mit modernsten U-Booten. Die Konfliktherde überall auf der Welt haben gewaltige Flüchtlingsströme hervorgebracht, und religiöse und ethnische Intoleranz sorgen für weitere Gewalt. Schließlich beginnen sich die Folgen des Klimawandels zu zeigen, und auch dies wird Einfluss auf die internationale Sicherheit haben. Und letztlich ist ein Phänomen wieder zum Leben erwacht, das wir längst vergangenen Zeiten zugeordnet hatten: die Piraterie. Sie ist heute grausamer, besser organisiert und besser gerüstet als je zuvor. Mit der Bedrohung der Seewege greift die Piraterie die eng verflochtene Weltwirtschaft an, denn über 90 Prozent aller Güter gehen über See.

Neue Akteure sind auf die Szene getreten: Wir stehen vor einer weltweiten asymmetrischen Bedrohung, die etwa von sogenannten „Schurkenstaaten", aber ebenso von Terrororganisationen und dem längst global agierenden organisierten Verbrechen ausgeht. Ihnen gelten die Regeln der Haager Landkriegsordnung nichts, sie sind unberechenbar und sie operieren im Dunklen mit allen Mitteln gegen jedermann. Dieser Kampf richtet sich nicht allein gegen Soldaten, sondern ebenso gegen die wehrlose Zivilbevölkerung und verschont Frauen, Männer, Kinder und Alte nicht. Und ebenso wenig hält er sich an Recht und Gesetz. Diese „neuen Kriege" erinnern an die Zustände im Dreißigjährigen Krieg und sind weit entfernt von den regulären Kriegen des letzten Jahrhunderts.

Der Kalte Krieg war geprägt von der Konfrontation zweier festgefügter großer Blöcke mit unterschiedlichen Ideologien und militärisch von der Doktrin der nuklearen Abschreckung der Supermächte. Nach seinem Ende haben die Strategen umgedacht. Die Zahl der Konflikte hat weltweit zugenommen, jedoch auf einer niedrigeren Ebene. Daraus folgt die Doktrin „from the sea" – von See her denken. Rund 70 Prozent der Weltbevölkerung leben am oder in der Nähe der Meere. So ist erklärlich, dass der größte Teil aller vorhandenen oder möglichen Bedrohungen und Konfliktherde am oder in erreichbarer Nähe zur See liegen. Und damit haben auch die Marinen ihren Anteil an Prävention, Konfliktbewältigung oder Kampf gegen Terror und Piraterie und nicht zuletzt auch am Schutz der eigenen Küsten. Anders als im Kalten Krieg, liegt nun das Operationsgebiet nicht mehr inmitten der weiten Ozeane, sondern direkt vor den Küsten in flachen Gewässern.

Gerade diese Gewässer sind nicht mehr das Einsatzgebiet der Atom-U-Boote des Kalten Krieges. Hier sind sie nur noch die Dinosaurier einer vergangenen Epoche – sie sind zu groß. Für die flachen Küstengewässer sind vielmehr kleinere, nicht-nukleare U-Boote notwendig, die dicht unter der Küste operieren können. Das haben selbst die USA eingesehen, in denen „Admiral Rickovers boys" über Jahrzehnte die Philosophie des alleinigen Einsatzes von Atom-U-Booten gepredigt haben – im Kaltem Krieg durchaus noch richtig, aber heute angesichts der neuen Bedrohungen und Szenarios haben sie ausgedient. So erwägen die USA inzwischen, entweder wieder konventionelle U-Boote einzusetzen – in deren Bau aber haben sie keine Erfahrungen mehr – oder aber „host submarines" – Atom-U-Boote, von denen kleine U-Boote mitgeführt und bei Bedarf eingesetzt werden. Das mag erklären, dass die US Navy Versuche mit einem geliehenen schwedischen U-Boot unternommen hat.[9]

DAS MODERNE U-BOOT

Das U-Boot ist in seine neue Rolle hineingewachsen. Kein anderes unabhängig operierendes Schiff besitzt vergleichbare Eigenschaften der Abschreckung oder Bedrohung. Seine herausragenden Eigenschaften sind Heimlichkeit (Stealth), Initiative, Überlebensfähigkeit, Freiheit der Bewegung in drei Dimensionen, Flexibilität und Ausdauer. Zusammengenommen ergibt dies einen Einsatzvorteil und ein Potential auf See, die sogar einen überlegenen Gegner abschrecken – und das nicht nur in der Theorie.[10/11]

Das U-Boot ist das perfekte Tarnkappenschiff. Es operiert unter der Wasseroberfläche in einem Medium, das generell für Gegenmaßnahmen zur Entdeckung des Bootes unvorteilhaft ist. Einmal getaucht ist es nahezu unsichtbar für alle U-Boot-Abwehrkräfte mit Ausnahme der leistungsfähigsten. Seine Unsichtbarkeit gibt ihm rund um die Uhr Schutz und trägt wesentlich dazu bei, seinen Auftrag erfolgreich auszuführen. Die Bedeutung dieser Eigenschaften hat in dem Maße zugenommen, in dem Länder dazu übergegangen sind, regionale und globale Überwachungssysteme der See aufzubauen. Die Überwachung der See mit Flugzeugen, Satelliten, Überwasser- und Unterwasser-Sensoren machen es Überwasser-Streitkräften nahezu unmöglich, sich auf den Ozeanen zu verstecken. Und das erhöht den Wert der Tarnkappen-Eigenschaften der U-Boote.

Der verdeckte Einsatz eines U-Boots ist für seinen militärischen Wert fundamental. Aber zugleich bedeutet er auch, dass das Boot in Zeiten steigender politischer Spannung unbemerkt vor Ort eingesetzt werden kann, ohne dadurch die Krise zu verschärfen – und bei ihrem Nachlassen kann es stillschweigend wieder zurückgezogen werden. Die Initiative ist die Fähigkeit des U-Boots, einen Gegner im Ungewissen darüber zu lassen, wo es sich befindet und wie viele weitere U-Boote sich vor Ort aufhalten. Das gibt ihm den Vorteil der Überraschung, denn der Kommandant hat die Freiheit zu entscheiden, ob, wann oder wie er sich dem Gegner zeigt.

Die Überlebensfähigkeit ist die Fähigkeit, in einer feindlichen Umgebung mit keinem oder nur geringem Risiko zu operieren. Um den meisten Bedrohungen auszuweichen, muss das U-Boot nur tauchen. Überwasserschiffe sind dagegen Angriffen von Unterwasser-Waffen, Boden- und Luftwaffen ausgesetzt – das U-Boot nicht. Diese relative Unverwundbarkeit erlaubt es ihm, ohne Begleitung zu arbeiten. Die Überlebensfähigkeit des U-Bootes erweist sich auch im Kontext zu Waffensystemen, die sich zum Teil noch in der Entwicklung befinden und schwere Konsequenzen für Überwasserschiffe haben können, wie elektromagnetische Impuls- und Hochleistungs-Mikrowellen-Waffen, die an Mikroschaltkreisen, Radargeräten, Computern oder anderen Sensoren, Kommunikations-Netzwerken und anderen elektronischen Systemen schwere Schäden anrichten oder sie sogar zerstören können. Weiter befinden sich thermobarische Raketen und Bomben schon im Einsatz, die enorme Hitze und großen Druck bei vergleichbar geringer Größe erzeugen, und schließlich wird an Überschall-Waffen und Hochgeschwindigkeits-Projektilen gearbeitet, die elektromagnetische Antriebe an Stelle von chemischen Antrieben nutzen. Im Großen und Ganzen sind U-Boote gegen solche Waffen unverwundbar.[12]

U-Boote zeichnen sich durch große Ausdauer im Einsatz aus. Sie können in ihr Einsatzgebiet marschieren und dort längere Zeit bleiben, ohne Nachschub zu benötigen. Amerikanische Atom-U-Boote führen normalerweise Vorräte für 90 Tage mit sich und bleiben etwa 60 oder mehr Tage unter Wasser. Sie können sogar Vorräte für bis zu 120 Tagen mit sich führen. Kleinere konventionelle U-Boote erreichen auch beträchtliche Unterwasser-Aufenthalte. So berichtete der Kommandant des argentinischen U-Boots ARA SAN LUIS, dass er während des Falkland-Krieges mit seinem konventionellen dieselelektrischen 1.200-Tonnen-Boot der HDW-Klasse 209 immerhin 60 Tage auf Patrouille gehen konnte. Die Lücke zwischen dem Atom-U-Boot und dem konventionellen U-Boot füllen U-

U-Boot im verdeckten Einsatz vor der Küste. (YPS Peter Neumann)

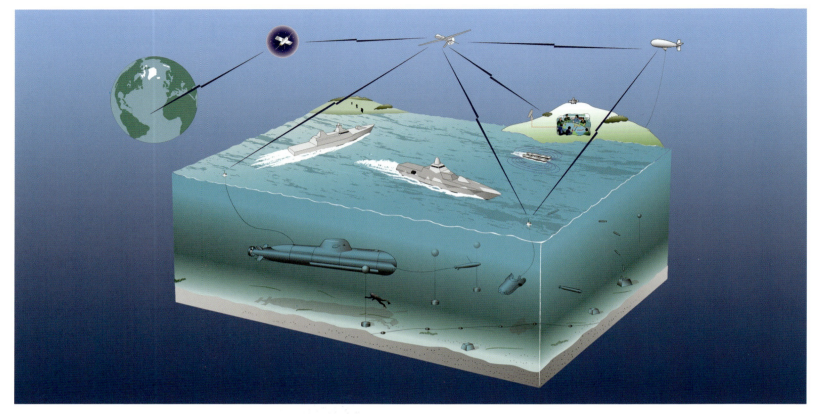

Die Rolle des U-Boots in modernen Szenarios. (Quelle: Kockums)

Boote mit außenluftunabhängigem Antrieb (AIP) – entweder auf der Basis der Brennstoffzelle, des Stirling-Motors oder der MESMA-Turbine. Dabei ist die Brennstoffzelle das leistungsfähigste System. TKMS/HDW gibt die Unterwasserfahrzeit der Klassen 212A und 214 mit etwa 3 Wochen an, die Fachpresse spricht dagegen von 50 und weit mehr Tagen. U-Boote können ohne Treibstoff nachzubunkern bei weitem länger auf See bleiben als Überwasserschiffe.

Das U-Boot besitzt im Gegensatz zu Überwassereinheiten große Bewegungsfreiheit. Es kann sich relativ ungestraft von Ort zu Ort bewegen und sich den Einsatzort aussuchen – auch solche, in denen Überwasserstreitkräfte nicht eingesetzt werden können. Und in diesen Einsatzgebieten kann das U-Boot seinen Standort nach Belieben wechseln, so wie die taktische Lage es erfordert. Und schließlich ist ein getauchtes U-Boot gegen schlechtes Wetter und rauhe See immun. Seine Tarnkappen-Eigenschaften, Ausdauer und Bewegungsfreiheit geben dem U-Boot die Möglichkeit, Einfluss auf große Seeräume auszuüben, selbst wenn seine Waffen nur einen eher geringen Teil des Einsatzgebietes erreichen können. Da aber Überwasserstreitkräfte den Standort des Bootes nicht kennen, müssen sie es überall vermuten und sich entsprechend vorsichtig verhalten. Damit sind sie in einer eher schwachen Position.[13]

Dank seiner Sensoren und Waffensysteme ist das moderne U-Boot unglaublich flexibel. Das kommt ihm vor allem im Einsatz im flachen Wasser vor den Küsten bei Wassertiefen von unter 200 Metern zu Gute. Dort sind Überwassereinheiten zunehmend asymmetrischen oder terroristischen Angriffen ausgesetzt. Hier sind vor allem konventionelle und nichtnukleare U-Boote gegenüber den Atom-U-Booten im Vorteil. Und hier können sie mit einem eher geringen Risiko ihre Aufgaben wahrnehmen. Dazu gehören:

▸ Verdeckte Beobachtung und Aufklärung in Küstengewässern,
▸ polizeiliche und zivile Überwachung und Intervention, etwa in Zusammenarbeit mit anderen Institutionen zur Bekämpfung von Piraterie, Schmuggel, Rauschgifthandel, illegalem Fischen und organisiertem Verbrechen,
▸ Patrouillenfahrten, um Handelsschiffsrouten und die angefochtenen Exklusiven Wirtschaftszonen (EEC) einzelner Nationen zu überwachen,
▸ verdeckte elektronische Aufklärung, von zum Beispiel bestimmten Frequenzen und Sendestationen, die nur auf kurze Entfernung überwacht werden können. Das kann ein U-Boot tun, ohne entdeckt zu werden,
▸ taktische und strategische Einsätze gegen Landziele, in Zukunft auch mit See-zu-Boden-Raketen verschiedener Größen und Reichweiten bis hin zu Cruise Missiles,[14]

und weiter auch das Minenlegen und -suchen, Absetzen von Kommandoeinheiten oder Aussetzen von unbemannten Fahrzeugen und schließlich das sogenannte „ground mapping" – die exakte kartographische Erfassung des Meeresbodens vor einer Küste zur Vorbereitung von Landungsoperationen. Und: Bei einem einzigen Einsatz ist das U-Boot nicht auf eine der Aufgaben beschränkt, sondern es kann in der Regel mehrere Aufträge gleichzeitig oder hintereinander ausführen, je nachdem, was die strategische, operative oder taktische Situation gerade erfordert und kann sich ebenso auf eine Änderung der Lage flexibel umstellen.

Die Saga des Zweiten Weltkrieges war die Saga von den „Wolfsrudeln". Sie sind vergangen. Heute ist das U-Boot der „lonely wolf", der einsame Wolf. Die ehemaligen Ritter der Tiefe, die der U-Boot-Mythos verklärt, haben sich zu IT-Spezialisten an hochkomplexen und computergestützten Systemen gewandelt. Und gerade sie erlauben es dem Boot auch, allein zu operieren – aber im Rahmen einer weitgefächerten und globalen Kommunikation mit seiner Einsatzstelle und in Zusammenarbeit mit anderen See-, Land- und Luftstreitkräften. Der Begriff „Network Centric Warfare" (Netzwerk zentrierte Kriegsführung), in den das Boot eingebunden ist, beschreibt ein Konzept, bei dem alle Aufklärungs-, Führungs- und Wirksysteme vernetzt sind und damit Informationsüberlegenheit besitzen. Es bindet alle Teilstreitkräfte ein und ermöglicht ihnen die effektive Zusammenarbeit aller Einheiten und gibt ihnen damit letztlich Überlegenheit bei gemeinsamen Einsätzen.

Moderne U-Boote erscheinen teuer. Kritiker bemängeln immer wieder, dass selbst arme Staaten immer mehr Boote anschaffen. Sie übersehen dabei, dass diese Staaten ihre Küsten zunehmend bedroht sehen. Und die Tatsache, dass nur wenige Boote notwendig sind, um sich gegen Aggressoren aller Art zu verteidigen, macht diesen Schutz im Verhältnis zu den sonst notwendigen Kosten für eine starke Überwasser-Flotte deutlich günstiger. Unabhängig davon sind die Anschaffungs- und Unterhaltungskosten selbst eines AIP-U-Bootes über seinen Lebenszeitraum deutlich günstiger als die einer großen Überwasser-Einheit. Dies bedeutet nicht, dass U-Boote eine Überwasserflotte ersetzen können. Vielmehr zeigt die Erfahrung, dass die Mischung aus U-Booten und Überwasserschiffen ein hocheffektives Team bildet. So macht das U-Boot als integraler Teil einer Marine Sinn und so hat es eine Zukunft.

Der größte Wert des U-Boots liegt heute nicht in seiner großen Fähigkeit zum Angriff, sondern in seiner abschreckenden Kraft. Allein die Vermutung eines oder mehrerer U-Boote in einem Seegebiet reichen aus, Angriffe oder gar Kriege zu verhindern. Bereits vor 2500 Jahren wusste Sun Tzu: *„Jene, die die gegnerische Armee hilflos machen, ohne es zu einem Kampf kommen zu lassen, sind die wahrhaft Vortrefflichen."* [15] Dies

hat sich in der Geschichte des U-Boot-Krieges immer wieder gezeigt. Ein frühes Beispiel ist die Geschichte des Bauer'schen BRANDTAUCHERS im deutsch-dänischen Krieg von 1851, in dem allein das Gerücht von seiner Existenz genügte, die dänische Flotte von der Blockade des Kieler Hafens abrücken zu lassen, obwohl das Boot noch gerade seine erste Probefahrt unternahm. Solche Beispiele lassen sich beliebig fortsetzen.

Das U-Boot ist eines der Mittel, diplomatische Signale auszusenden. Seine Gegenwart kann offiziell über seine Dienststelle angemeldet werden, diskret über diplomatische Kanäle oder über die Medien, wenn öffentliche Aufmerksamkeit wünschenswert ist.[16] Dies kann der Eskalation wie auch der Deeskalation von Konflikten dienen. Etwa in der Kuba-Krise. Die USA beorderten die USS ABRAHAM LINCOLN, ein Raketen-U-Boot von Schottland aus in See, wo es die Russen prompt entdeckten und wohl auch sollten. Dies diente zum einen militärischen Zwecken, strategisch aber auch als Signal, um den Druck auf die UdSSR zu erhöhen. Letztendlich konnte die Krise friedlich beigelegt werden. Und schließlich reißen Gerüchte über die U-Boote der israelischen DOLPHIN-Klasse nicht ab, in denen behauptet wird, sie seien in der Lage, Cruise Missiles mit Atomsprengköpfen zu tragen. Die Fachwelt geht zwar davon aus, dass die Gerüchte wahr sind, ein handfester Beleg dafür steht jedoch aus. Sicher ist, dass diese Gerüchte, gleichgültig ob sie stimmen oder nicht, geeignet sind, Israels Gegner zur Zurückhaltung zu mahnen und einen Krieg zu vermeiden.

Den Wert des modernen U-Boots unterstreicht die Tatsache, dass heute über 40 Nationen U-Boote unterhalten, und weitere kommen hinzu. Es ist nicht nur ein vielseitiges und wandlungsfähiges Instrument des Meeres-Managements und der nationalen Sicherheit, sondern es unterstützt ebenso mit einer breiten Palette an Aufgaben die Außenpolitik einer Nation.[17]

U-Boot der DOLPHIN-Klasse – mit Cruise Missiles bestückt? (YPS Peter Neumann)

Deutschland baut U-Boote

Um die Wende zum 20. Jahrhundert war das U-Boot bereits ein fester Bestandteil in den Flotten vieler Marinen und längst nicht mehr das technische Kuriosum von Träumern, Enthusiasten und Erfindern. Vor allem der amerikanische Sezessionskrieg war der Nukleus für Unterwasserfahrzeuge, die zum ersten Mal ihre Tauglichkeit für militärische Operationen beweisen konnten. Das erzeugte einen immensen Schub für die Entwicklung neuer U-Boot-Typen, und immer mehr Marinen setzen auf diese Boote als Ergänzung ihrer Flotten.

Kurz nach Beginn des neuen Jahrhunderts hatten schon zwölf Nationen das Rennen um die neue Waffe aufgenommen: England, Amerika, Frankreich, Holland, Italien, Griechenland, Japan, Portugal, Russland, Spanien, Schweden und die Türkei beteiligten sich mit größtem Eifer daran.[1] Nicht so die junge Kaiserliche Marine, die mit den neuartigen Booten nichts anzufangen wusste. Sie setzte vielmehr auf große Kreuzer und Linienschiffe, ergänzt durch schnelle Torpedoboote. Die Reserve gegenüber der neuen Waffe wird allgemein Großadmiral Alfred von Tirpitz zugeschrieben, der die deutsche Hochseeflotte schuf. Aber er stand nicht allein mit seinem Urteil.

So urteilte der damals renommierte deutsche Schiffbau-Experte Carl Busley noch 1899: „Die heute noch bestehende recht bedeutende technische Minderwertigkeit der unterseeischen Fahrzeuge, der man auch besonders hinsichtlich ihrer geringen Längsstabilität so leicht nicht Herr werden kann, sichern ihnen keine großen Aussichten für die Zukunft. ... Der deutschen Marine-Verwaltung kann man daher nur Recht geben, wenn sie sich auf kostspielige und langwierige Versuche mit Unterseebooten bisher nicht eingelassen hat, sondern sich lediglich auf den Bau von Linienschiffen, Kreuzern und Hochsee-Torpedofahrzeugen beschränkte."[2] Unabhängig davon, dass gemunkelt wird, Admiral von Tirpitz habe ihn zu dieser Aussage gedrängt, gab der Anschein Busley recht.

Tatsächlich sind in Deutschland nach dem BRANDTAUCHER bis zum Jahr 1900 nachweislich nur zwei U-Boote und möglicherweise ein drittes gebaut worden[3] – mit mehr als mäßigem Erfolg. So entstand zwischen 1867 und 1870 auf der Schlick'schen Werft in Dresden ein kleines Tauchboot nach dem Entwurf von Friedrich Otto Vogel mit einer für Überwasser- und Unterwasserfahrt geeigneten Dampfmaschine, das aber über einige Erprobungsfahrten auf der Elbe wohl nicht herausgekommen ist. 1897 bauten die Howaldtswerke unter der Baunummer 333 ein „Versuchsschiff" nach den Vorschlägen eines deutschen Marineoffiziers – vermutlich der Torpedoingenieur Karl Leps –, das ebenfalls kein Erfolg war, abgesehen davon, dass Kaiser Wilhelm II. es 1901 auf der Kieler Förde auf Überwasserfahrt gesehen haben soll. Bemannte Tauchfahrten hat es nie unternommen. Und weil es an diesem Boot verständlicherweise kein Interesse gab, landete es im Schrott.[4] Mysteriös ist die vermutete Existenz eines dritten Boots, von dem ein Foto – möglicherweise aus dem Jahr 1891 – existiert, das bei den Howaldtswerken gemacht worden sein soll. Näheres über das Boot ist nicht bekannt.

Dies allerding war nicht das Ende deutscher U-Boot-Träume, die es zwischen 1861 und 1900 immerhin auf 181 Vorschläge und Angebote an die preußische, norddeutsche und Reichsmarine gebracht hatten.[5] Im Gegenteil: Sie wurden vielmehr wahr, als sich der Essener Krupp-Konzern der Sache annahm, der kurz zuvor die Kieler Germaniawerft übernommen hatte. Er sah in dem U-Boot-Geschäft gute Aussichten für profitable Geschäfte und sollte damit recht behalten. Die große Chance bot sich, als 1902 der spanische Ingenieur Raimondo Lorenzo d'Equevilley-Montjustin Krupp nicht nur seine Dienste, sondern auch einen eigenen U-Boot-Entwurf anbot. Zuvor war er eine Zeitlang Mitarbeiter des bedeutenden französischen Konstrukteurs Maxime Laubeuf gewesen, der mit seinem U-Boot NARVAL eine neue Ära im U-Boot-Bau eingeläutet hatte. Sein 2-Hüllen-Konzept war bis nach dem Zweiten Weltkrieg die Grundlage der meisten U-Boote weltweit.

D'Equevilley brachte also profundes Know-how und vielversprechende Hardware mit, als er sich bei Krupp verdingte. Das führte – am Rande bemerkt – zu einer Reihe von Verdächtigungen und Spekulationen, vor allem natürlich in französischen Kreisen, nach denen d'Equevilley französische U-Boot-Pläne nach Deutschland mitgenommen haben sollte.[6] Dieser Verdacht, gegen den sich die Germaniawerft natürlich verwahrte, ist bis heute weder bestätigt, noch ausgeschlossen worden. Krupp schloss mit ihm einen langfristigen Vertrag, und der Bau des ersten U-Boots, FORELLE, begann 1902. Zwar besichtigten im Jahr darauf Kaiser Wilhelm II. und Prinz Heinrich das Boot – Prinz Heinrich steuerte es sogar eigenhändig auf einer Tauchfahrt –, der erste Kunde war jedoch die russische Marine, die die Fahreigenschaften des Bootes beeindruckten. Sie kaufte 1904 neben der mit 15,5 Tonnen verdrängenden kleinen FORELLE drei weitere, rund 200 Tonnen verdrängende U-Boote, KARP, KARASS und KAMBALA.

Versuchsboot FORELLE 1902 bei Testfahrten auf der Kieler Förde.

Versuchs-U-Boot, Baunummer 333 der Howaldtswerke in Kiel 1897. (Foto: Archiv TKMS/HDW)

KARP wird 1907 bei der Germaniawerft in Kiel per Kran zu Wasser gelassen. (Foto: Prospekt Germaniawerft)

Derweil hielt die Marine offiziell immer noch nicht viel von U-Booten. Deren Torpedoinspektion allerdings hatte nach den Erfolgen der französischen U-Boot-Waffe durchaus ein Auge auf die Boote geworfen, an Testfahrten auf der FORELLE teilgenommen und vorgeschlagen, zu Testzwecken ein Versuchs-U-Boot zu bauen. Damit biss sie zunächst auf Granit. Der aber bröckelte langsam. Zwar bürstete Tirpitz 1904 noch den Abgeordneten Wilhelm von Kardorff ab, der es gewagt hatte, ihm öffentlich die Frage zu stellen, warum die Marine bisher nicht an den Bau von U-Booten gedacht habe, und antwortete kurz und bündig, man halte noch nicht viel von U-Booten.[7] Tatsächlich aber beauftragte er insgeheim das Technische Department der Reichsmarine damit, einen geeigneten jüngeren Beamten auszusuchen, der im Reichsmarineamt ein U-Boot konstruieren sollte. Den Auftrag bekam der Marineingenieur Gustav Berling, der zur Torpedoinspektion abkommandiert wurde. Und noch 1904 bestellte die Marine bei der Germaniawerft ein U-Boot, das an die Pläne der russischen KARP-Klasse angelehnt war – das spätere U 1, das erste U-Boot der kaiserlichen Marine; in Dienst gestellt 1906.

Dabei blieb es jedoch zunächst und drei weitere Boote sollten bei der Kaiserlichen Werft in Danzig gebaut werden. Zwar hatte sich die Germaniawerft um weitere Aufträge der Marine bemüht, die aber mauerte. Denn sie wollte ihre Konstruktionsunterlagen nicht an eine Werft geben, die derartig erfolgreich im Auslandsgeschäft mit U-Booten war. Tatsächlich war es der Germaniawerft gelungen, eine Reihe von Aufträgen auf ausländische Rechnung an Land zu ziehen, so U-Boote für Österreich-Ungarn, Italien und Norwegen. Der Hauptgrund aber lag in der Person des Ausländers d'Equevilley, der sich nicht zuletzt auch durch ungeschicktes Taktieren Feinde geschaffen hatte.[8]

Ihn ersetzte 1907 auf Vorschlag von Berling der Schiffbauingenieur Dr.-Ing. Hans Techel, der 1895 seine Tätigkeit bei der Germaniawerft begonnen hatte und nach einem Umweg über die Howaldtswerke von 1901 bis

KOBBEN, 1908 für die norwegische Marine gebaut, nach dem Stapellauf im Kieler Hafen.

(Foto: Prospekt Germaniawerft)

Das erste U-Boot der Kaiserlichen Marine U 1 im Jahr 1906.

Am Heck der Qualm des Petroleummotors. (Zeitgenössische Postkarte)

U-Boote der Kaiserlichen Marine 1914 im Kieler Hafen. Im Vordergrund U 19 bis 22 – die ersten U-Boote der Kaiserlichen Marine, die mit Dieselmotoren ausgestattet waren.

1907, wo er vor allem Überwasserkriegsschiffe konstruierte, wieder zur Germaniawerft zurückkehrte. Mit diesem ungewöhnlich begabten Mann beginnt die Erfolgsgeschichte des deutschen U-Boot-Baus. Mit ihm begann die schnelle Entwicklung neuer U-Boot-Konstruktionen, und das Ergebnis war technischer Fortschritt, die Boote wurden größer und leistungsfähiger. Seine Ernennung bedeutete zugleich die erfolgreiche Zusammenarbeit zwischen der Germaniawerft und der Marine. Sie resultierte während des Ersten Weltkrieges mit Hilfe fähiger und ideenreicher Konstrukteure in Techels Konstruktionsbüro in der Entwicklung zahlreicher unterschiedlicher U-Boot-Klassen, die vor allem auf der Germaniawerft, aber daneben auch besonders bei der AG Weser in Bremen, der Vulcan AG in Stettin und bei Blohm + Voss in Hamburg vom Stapel liefen. Am Ende des Krieges besaß Deutschland die wohl leistungsfähigste U-Boot-Industrie weltweit mit besonders ausgereiften Konstruktionen. Dies allerdings änderte nichts an der Tatsache, dass der Krieg verloren war und der Versailler Vertrag den Deutschen die Auslieferung der deutschen U-Boot-Flotte an England und die Verschrottung der nicht auslieferungsfähigen U-Boote befahl. Artikel 191 bestimmte darüber hinaus, dass Deutschland der Bau und Erwerb von U-Booten – auch zu Handelszwecken – verboten war.

Diese Konstruktionen hatten zwischen beiden Weltkriegen – direkt oder indirekt – großen Einfluss auf die Entwicklung des U-Boot-Baus weltweit. Ausnahmen machten nur England und zu einem geringeren Maß die Sowjetunion. Alle größeren Marinen der siegreichen Alliierten England, Frankreich, Italien, Japan und die Vereinigten Staaten erhielten nach den Bestimmungen des Waffenstillstandes und danach des Versailler Vertrages Exemplare der modernsten deutschen U-Boote. Diese Boote wurden gründlich untersucht und analysiert, um festzustellen, ob sich die Konstruktionen dazu eigneten, in eigene Entwicklungen zu implementieren. Und teilweise stellten sie in ihren eigenen Marinen deutsche U-Boote wieder in den Dienst, um Erfahrungen mit dem Einsatz von U-Booten zu sammeln. Vor allem Frankreich und Italien wurden von den Erfahrungen mit den mittelgroßen und den UB III-Klassen stark beeinflusst, als sie ihre ersten eigenen Nachkriegs-U-Boote entwickelten. Noch größeren Einfluss hatten die deutschen U-Boot-Kreuzer. Die französische hochseefähige REQUIN-Klasse profitierte in besonderem Masse von der Konstruktion dieser U-Boot-Kreuzer. Die großen Boote der US Navy verdankten den deutschen Booten viel – inklusive sogar in einzelnen Fällen ihrer Diesel, und deutsche Ingenieure waren intensiv an der Entwicklung der frühen japanischen KAIDAI- und JUNSEN-Klassen beteiligt.

GETARNTER U-BOOT-BAU: DAS INGENIEURSKANTOOR VOOR SCHEEPSBOUW (IVS)

Die Bestimmungen des Versailler Vertrages bedeuteten für Deutschland nicht allein den Verzicht auf eine U-Boot-Verteidigung, sie waren auch ein herber Schlag für die Werften. So sannen Marine und Werften auf Wege, den Versailler Vertrag zu umgehen und die Konstruktions- und Entwicklungsfähigkeit der deutschen Konstrukteure zu erhalten und weiter zu entwickeln. Vor allem aber ging es letztlich darum, mit modernen U-Boot-Konstruktionen für den Tag gerüstet zu sein, an dem es Deutschland eines Tages wieder erlaubt sein würde, U-Boote in seiner Marine zu haben und sie selbst zu bauen.

So begann die geheime Entwicklung einer neuen Generation von deutschen U-Booten. Ein schlechtes Gewissen hatten die Akteure dabei nicht, denn die Bestimmungen des Versailler Vertrages wurden in Deutschland allgemein als ungerecht und viel zu hart empfunden. Und die Marine hielt es zudem für unerträglich, dass sie keine U-Boote mehr besaß, um Angriffe über See abzuwehren und sah Deutschland der Gefahr ausgesetzt, dass andere Staaten die günstige Gelegenheit nutzten, um sich deutsche Inseln, Küstenstädte oder Fischereistützpunkte einzuverleiben.

Der Vertrag von Versailles sah zwar die Auslieferung oder Verschrottung deutscher U-Boote an die Siegermächte vor, aber er sagte nichts über

U-Boot-Kreuzer U 155 ex Handels-U-Boot DEUTSCHLAND nach der Übergabe an England 1919 vor der Tower Bridge in London. (Fotograf unbekannt)

die Konstruktionsunterlagen und Baupläne. Also hielten die deutschen Werften sie prompt zurück. Und neben diesen unschätzbaren Unterlagen besaßen sie ihren Stamm an Ingenieuren, Konstrukteuren und erfahrenen Facharbeitern.

Und so begannen die deutschen Werften mit Zustimmung und Unterstützung der Marineleitung den Handel mit Blaupausen, Ingenieuren und Beratern mit neutralen und befreundeten Nationen – schon um das vorhandene Know-how zu erhalten, weiterzuentwickeln und letztlich zu verwerten. Der erste Kunde war Japan – schon 1920. Unter der teilweise persönlichen Leitung von Dr. Hans Techel baute die japanische Marine bei den Kawasaki-Werken in Kobe die U-Boote / 1-3 und / 21-24. An der See-Erprobung beteiligte sich mit Zustimmung der Marineleitung ein erfahrener pensionierter Marineoffizier.

1921 heuerte Argentinien für den Aufbau einer eigenen U-Boot-Waffe – geplant waren Konstruktion und Bau von 10 U-Booten – den ehemaligen Chef der U-Boot-Flottille Flandern und zwei ehemalige U-Boot-Konstrukteure als zivile Berater an. 1924 baute Japan drei Minen-U-Boote in Zusammenarbeit mit Blohm + Voss. Und schließlich nutzten 1922 Schweden und Italien die Expertise deutscher U-Boot-Fachleute. Und auch Spanien, das eine starke U-Boot-Waffe aufbauen wollte, zeigte Interesse.[9]

Die Nachricht von dem lockenden Marinegeschäft mit Argentinien führte zu einem von Krupp angeführten Konsortium aus den Werften Germaniawerft, AG Weser und der Vulcan-Werft. Angesichts der regen Nachfrage, die neben dem U-Boot-Bau in den Kundenländern eben auch Neukonstruktion und -entwicklung vorsah, waren Deutschland diese Geschäfte vom Versailler-Vertrag verboten.

Im Lande konnten sie also nicht abgewickelt werden – im Ausland schon. So boten sich die Niederlande als Sitz für ein neues Unternehmen geradezu an, zumal sie den Versailler Vertrag nicht unterzeichnet hatten. Unter dem unschuldigen Namen „N.V. Ingenieurskantoor voor Schepsbouw", kurz IvS, gründeten 1922 die Kruppwerften Germaniawerft und AG Weser zusammen mit der AG Vulcan die Firma in Den Haag mit dem bescheidenen Startkapital von 12.000 Gulden, die sie sich zu je einem Drittel teilten. Technischer Direktor wurde Dr. Techel, und die kaufmännische Leitung übernahm ein U-Boot-Mann, Korvettenkapitän a.D. Ulrich Blum. Da sich die Registrierung der Firma auf Grund politischer und bürokratischer Hindernisse verzögerte, gab es erst einmal ein interimistisches Büro auf dem Gelände der Germaniawerft in Kiel. Erst als sich ein holländischer Strohmann fand, unter dessen Namen die Firma in Holland eingetragen wurde, konnte das IvS 1925 in Den Haag mit 11 Mitarbeitern einziehen.

Derweil hatten sich die einstmals glänzenden Aussichten spürbar verdüstert, denn Argentinien änderte seine Pläne, Italien verlor sein Interesse und die spanischen Pläne zum Bau von 40 U-Booten setzten das IvS einer gnadenlosen Konkurrenz mit Amerika, England, Frankreich und Italien aus. Zwar setzte die deutsche Marineleitung den gewandten und u-booterfahrenen Kapitänleutnant Wilhelm Canaris als Vermittler ein, zumal er fließend Spanisch sprach. Aber 1925 stellte Spanien seine Pläne zurück. Und als das IvS seine Arbeit in den Niederlanden aufnahm, hatte es bis dahin trotz 53 Angeboten an verschiedene Interessenten keinen einzigen Auftrag an Land gezogen.[10]

Hoffnungen machte sich das IvS auf einen Auftrag aus der Türkei zum Bau von zwei 500-Tonnen-U-Booten, die nach IvS-Plänen in Holland gebaut werden sollten. Die finanziellen Belastungen und Risiken aus diesem Geschäft konnten die Konsortialpartner jedoch nicht tragen. So kam wieder die Marine ins Spiel. In einem Geheimfonds der Seetransportabteilung stand Geld genug zur Verfügung. Da sich die Marine aber nicht offiziell am IvS beteiligen konnte, gründete die Seetransportabteilung eine Scheinfirma, die „Mentor Bilanz". So wurde nun die Marine klammheimlich der vierte Anteilseigner des IvS. Die Marine stand, am Rande bemerkt, nicht allein mit ihren Bemühungen, die Bestimmungen des Versailler Vertrags zu umgehen. Die Reichswehrführung setzte alles daran, unbemerkt von den Aufsehern der Interalliierten Militär-Kontrollkommission heimlich aufzurüsten. So unternahm sie in der Sowjetunion unerlaubte Waffentests mit Panzern, Flugzeugen und Artillerie im großen Maßstab. Hier zeigte sich Lenin sehr erkenntlich für die großen Summen und die Unterstützung, mit der ihm das Kaiserreich – wenn auch alles andere als uneigennützig – den Weg an die Macht geebnet hatte. In diese Linie reihte sich auch die Gründung des IvS ein.

Mit dem Geld der Marine im Rücken nahm das IvS Fahrt auf. Die Türkei konnte nun zwei U-Boote fest bestellen, die aus dem Typ UB III des Ersten Weltkriegs weiterentwickelt waren. An diesem U-Boot-Typ, einem mittelgroßen Küsten-U-Boot von 505/620 Tonnen Verdrängung, und seiner Weiterentwicklung war die Marine besonders interessiert. Denn in der Weiterentwicklung der Typen UB III und UC III sah sie die Zukunft einer deutschen U-Boot-Waffe für den Fall, dass die Restriktionen des Versailler Vertrages aufgehoben werden sollten. So nahmen nach der Fertigstellung auf einer holländischen Werft im Jahr 1927 zahlreiche angeblich pensionierte Marineangehörige teil.[11] Sie konnten dabei und bei der späteren Überführung der Boote in die Türkei wertvolle Erfahrungen sammeln.

In diese Linie passte auch der Konstruktions-Auftrag Finnlands im Jahr 1926 über drei 500-Tonnen-Boote, die aus dem U-Boot-Typ UC III weiterentwickelt werden sollten. Bei dem Entwurf handelte es sich um ein mittleres U-Boot von knapp 500 Tonnen, das eine kombinierte Torpedo- und Minenbewaffnung besitzen sollte. Die Unterbringung von 20 Minen in Schächten seitlich vom Druckkörper war für ein U-Boot dieser Größe eine neuartige Konstruktion.[12]

Stapellauf des finnischen 500-Tonnen-U-Boots VETEHINEN 1930 in Turku.

(Fotograf unbekannt)

Mit diesem Auftrag hatte das IvS einen sehr leistungsfähigen U-Boot-Typ geschaffen, der den Weltkrieg I-Typ UC III erheblich übertraf.[13] Drei Jahre später erhielt das IvS einen weiteren Auftrag von der finnischen Marine: SAUKKO, das auf dem Ladoga-See eingesetzt werden sollte, war mit seinen 99 Tonnen Verdrängung damals das kleinste U-Boot der Welt. Auch hier war wieder eine deutsche Besatzung bei der Erprobung an Bord.

DER WEG ZUR MODERNEN DEUTSCHEN U-BOOT-FLOTTE

Den Weg zum späteren U-Boot-Typ VII ebnete die Aussicht, mit der spanischen Marine ins Geschäft zu kommen, die ein ehrgeiziges U-Boot-Bauprogramm verfolgte. Der erste Anlauf scheiterte zwar 1924. Aber drei Jahre später bot die Zusammenarbeit mit einem spanischen Industriellen, Don Horacio Echevarrieta, der beste Verbindungen zum spanischen Königshaus besaß, die einmalige Chance, ein größeres U-Boot nach den Vorstellungen der deutschen Marineleitung zu bauen.[14] Als Grundlage diente ein Entwurf der Kaiserlichen Marine, der den UB III ablösen sollte. Daraus entstand der Entwurf für das 755-Tonnen-Boot E 1, das sich gegenüber dem Grundentwurf durch eine stärkere Motorisierung und einen größeren Fahrbereich auszeichnete.

Der Bau verzögerte sich aus verschiedenen Gründen, vor allem durch den Konkurs des Spaniers, so dass die Erprobung erst ab 1931 beginnen konnte. Daran nahmen wieder deutsche aktive und inaktive Marineangehörige teil, von denen einige später eine beachtliche Rolle in der deutschen U-Boot-Waffe spielen sollten. Natürlich hatte auch das IvS seine Konstrukteure mit an Bord. Das Interesse der deutschen Marine an dem Typ war so stark, dass sie den weitaus größten Teil – rund 85 Prozent – der Baukosten übernahm, den Rest zahlte Echevarrieta. Die spanische Marine allerdings bekam das Boot nicht, denn der Sturz der spanischen Monarchie verhinderte den geplanten Ankauf. Die Reichsmarine konnte es auch nicht übernehmen, denn das verboten noch immer die Bestimmungen des Versailler Vertrages. Schließlich gelang es, das Boot mit Verlust an die Türkei zu verkaufen.

Unter der Bezeichnung CV 707 baute die Werft von Crichton-Vulkan in Turku unter der Leitung des IvS in Finnland das Projekt „Liliput", ein 250-Tonnen-Boot, das die Finnische Marine 1936 unter dem Namen VESIKKO in Dienst stellte, nachdem darauf die künftigen deutschen U-Boot-Kommandanten geschult worden waren. An diesem Typ hatte die Reichsmarine vor allem deshalb Interesse, weil es ihren Wünschen und Bedürfnissen für die künftige deutsche U-Boot-Waffe entsprach. Dieses Boot war eine Wegmarke für den künftigen Typ II der deutschen Kriegsmarine.

1932 beschloss die Reichsmarine ein Umbauprogramm für den Aufbau einer modernen und schlagkräftigen Marine. In diesem Beschluss war auch der Aufbau einer U-Boot-Flottille enthalten, die aus den weiterentwickelten IvS-Konstruktionen E 1 und CV 707, später U-Boot Typ I und Typ II, bestehen sollte. Allerdings sollte der Bau erst beginnen, wenn England per Vertrag seine Zustimmung gegeben hatte. Die Vorbereitungen dafür sollten jedoch sofort beginnen, damit die Werften am Tag X unverzüglich mit dem Bau der Boote beginnen konnten.

Als in den Verhandlungen erkennbar wurde, dass England auf eine Begrenzung der Gesamttonnage der Flotte, aber nicht der Anzahl der Boote abzielte, war ein Boot der mittleren Größe gefragt, das möglichst kampfkräftig sein sollte. Ein Entwurf des IvS lag bereits Anfang 1934 vor. Das IvS hatte ihn aus der Konstruktion von CV 707 weiterentwickelt und ihm einen kräftigeren Antrieb, eine stärkere Bewaffnung und Satteltanks gegeben. Dieser Entwurf entsprach in fast allen Einzelheiten dem späteren Typ VII der

E 1 auf der Werft in Spanien. (Wikipedia)

Kriegsmarine.[15] Damit lagen die Prototypen der ersten drei deutschen U-Boot-Typen nach dem Ersten Weltkrieg vor, und der Bau konnte beginnen. Dafür waren die beiden Kieler Werften Germaniawerft und Deutsche Werke Kiel vorgesehen. Zugleich hatte die Marineleitung beschlossen, den ersten sechs Booten des Typs II, sechs weitere einer verbesserten Version – Typ II B – folgen zu lassen. Bei den Werften wurden 1934 nun Konstruktionsbüros eingerichtet, die den Bau der Boote begleiten und überwachen sollten. Dazu brauchte es erfahrene U-Boot-Konstrukteure. Der Lage nach konnten sie nur vom IvS kommen. Sie übernahmen diese Aufgabe nun in führender Position bei den deutschen Werften und bei der Reichsmarine. Ein weiteres Konstruktionsbüro entstand in Bremen auf dem Gelände der AG Weser. Dort sollten künftig U-Boote des Typs I und VII gebaut werden. Dieses Büro erhielt den Namen „Schiffbaukontor GmbH Bremen".

Noch durfte Deutschland keine U-Boote bauen. Es ist allerdings zweifelhaft, dass die Siegermächte des Ersten Weltkriegs die Aktivitäten des IvS nicht wahrgenommen hatten. Bei der großen Anzahl von U-Booten, die das IvS erfolgreich konstruiert und in vielen Ländern betreut hatte, war das eigentlich unmöglich. Vielmehr liegt der Verdacht nahe, dass sie angestrengt die Augen geschlossen hielten. Wenigstens solange, wie das Treiben des IvS nicht öffentlich wurde. Das aber wurde es 1934 in der Zeit der intensiven Vorbereitungen in Deutschland auf den künftigen U-Boot-Bau. So meldete am 7. September 1934 die New York Times:

In einem Bericht an die Electric Boat Co. erklärte Kapt. Paul Koster, ein ehemaliger Offizier der holländischen Marine und damaliger Vetreter der obigen Firma in Europa, dass Inkavos (Anm.: die Telegramm-anschrift des IvS) seiner Meinung nach eine deutsche Gesellschaft sei, die zu dem Zweck organisiert sei, die deutsche Marine stets auf dem Laufenden über die U-Boot-Konstruktionen aller Länder zu halten. ... „Herr Techel sei die Seele der ganzen Sache". Herr Koster deutete darauf hin, dass es notwendig sein würde, die ehemaligen Verbündeten zu bewegen, sich ins Mittel zu legen, um Deutschland zu zwingen, die Bestimmungen des Versaillers Friedensvertrages einzuhalten.[16]

Das war peinlich. Und erst einen Monat später rang sich der Völkische Beobachter zu einem offiziösen Dementi durch. Darin hieß es, dass es in Den Haag tatsächlich das besagte Konstruktionsbüro gebe. Allerdings werde es von einem Holländer und seinem Sohn kontrolliert (sic!), die sich der Hilfe zweier arbeitsloser deutscher Schiffbauer bedienten, um Schiffbaupläne an jeden Staat, der dafür bezahle, zu liefern.

Und es war für die geheimen Vorbereitungen zum U-Boot-Bau in Deutschland und noch mehr für die Verhandlungen mit England schädlich. Die Folge: Die Marine schied 1935 als Gesellschafter des IvS aus und deren Anteile übernahmen zu zwei Dritteln die Deschimag und zu einem Drittel die Germaniawerft. In Den Haag verblieb beim IvS unter der Leitung von Techel und Blum eine Restbelegschaft, die noch bis 1938 einige Aufträge für ausländische Rechnung übernahm. 1936 wurde das Bremer Tochterunternehmen in „Ingenieurkontor für Schiffbau GmbH (IfS)" – also die deutsche Übersetzung des holländischen Namens – umgetauft und nach Lübeck verlegt. Die Gesellschafter des IvS ernannten Techel und Blum zu Direktoren. Damit war die Kontinuität gewahrt. Aufgabe der neuen Gesellschaft war es, Angebote für Export-U-Boote zu erstellen, die auf deutschen Werften gebaut werden sollten. Die Kunden in China, der Türkei, Bulgarien. Rumänien und Jugoslawien betreute eine staatlich kontrollierte Exportfirma. Daneben konstruierte das IfS ausfahrbare Peil- und Stabantennen für die deutschen U-Boote.

Der Kriegsbeginn bedeutete das Ende der Exporttätigkeit des IfS. Ein großer Teil der Mitarbeiter wurde von der Deschimag und der Germania-werft übernommen. Und mit der Liquidation der Germania-werft nach dem Zweiten Weltkrieg im Jahr 1946 endete auch die Tätigkeit des IfS.

U-Boot-Typ XXI – Die Revolution unter Wasser

Am 4. Mai 1945 befahl Großadmiral Karl Dönitz seinen U-Boot-Fahrern die Waffen niederzulegen, zu ihren Stützpunkten zurückzukehren und sich zu ergeben. Der Kampf war sinnlos geworden, und in wenigen Tagen würde das Dritte Reich bedingungslos kapitulieren. Sein Funkspruch schlug auf den Booten, die noch in See standen, wie eine Bombe ein, und viele Kommandanten hielten sie für eine Fälschung der Alliierten [1]. Nur acht von ihnen gehorchten sofort.

Unter ihnen war der Ritterkreuzträger, Korvettenkapitän Adalbert Schnee, der sich mit seinem Boot U 2511 auf der Reise in Richtung Panamakanal befand. Er fuhr eines der wenigen brandneuen fronttauglichen „Wunder"-Boote des neuen Typs XXI, das in der Karibik unter allen Bedingungen ausführlich erprobt werden sollte. Nur wenige Stunden, nachdem er den Funkspruch des Großadmirals erhalten hatte, bekam er nördlich der Färöer einen passiven Sonarkontakt zu dem britischen Kreuzer HMS NORFOLK, der von einigen Zerstörern begleitet wurde. Es gelang ihm, den Abwehrschirm getaucht unbemerkt zu durchbrechen und auf Torpedoschussweite an den Kreuzer heranzukommen. Eingedenk der Dönitz'schen Order beließ es Schnee allerdings bei einem Scheinangriff und entfernte sich – wieder unbemerkt. Er kehrte nach Bergen zurück und übergab sein Boot an die Briten. Als er einige Tage später Offiziere der HMS NORFOLK traf, berichtete er ihnen von seinem Unternehmen und traf auf fassungsloses Staunen. Sie mochten zunächst nicht glauben, dass sich ein U-Boot so dicht an den Kreuzer heranwagen konnte, ohne entdeckt zu werden. Tatsächlich

Drei Typ XXI U-Boote und andere Boote werden nach der Kapitulation im Hafen von Bergen an die Royal Navy übergeben. U 2511 (Mitte) unter Korvettenkapitän Adalbert Schnee war das einzige Typ XXI-Boot, das auf Feindfahrt ging. (Foto: Unbekannter englischer Seemann)

bezweifeln heute manche Historiker den Wahrheitsgehalt von Schnees Bericht, andererseits wird er jedoch von Besatzungsmitgliedern bestätigt.

Wie auch immer, mit dem 1.600-Tonnen-U-Boot-Typ XXI und seinem kleinen Bruder, dem 250-Tonnen-Typ XXIII, tauchte eine U-Boot-Gattung auf, die die U-Boot-Fahrt revolutionieren sollte. Die Konstruktion des Typs XXI wurde zum Vorbild für alle modernen U-Boote und vor allem für die ersten Atom-U-Boote der USA, Englands, Russlands und Frankreichs. Insbesondere das erste Atom-U-Boot der Welt, die USS NAUTILUS, war im Wesentlichen ein vergrößerter Typ XXI. Den deutschen Konstrukteuren war es gelungen, ein U-Boot zu konstruieren, das den Namen tatsächlich verdiente. Bisher waren alle U-Boote nichts anderes als tauchfähige Überwasserschiffe.

Der neue Typ war jedoch konsequent auf Unterwasserfahrt ausgerichtet und damit praktisch ein Unterwasserschiff, das auch aufgetaucht fahren konnte – ein Meilenstein in der Geschichte des U-Boot-Baus.

Tatsächlich aber war dieser an sich schon revolutionäre U-Boot-Typ, der noch dieselelektrisch angetrieben wurde, sogar nur als Zwischenstation gedacht. Endziel der Kriegsmarine war ein ozeangängiger Typ XXVIII, der sowohl mit einem dieselelektrischen Antrieb für Marschfahrt als auch mit einer Walter-Turbine für kurze Sprints unter Wasser mit Geschwindigkeiten bis zu 23 Knoten ausgerüstet sein sollte. Die Walter-Turbine hatte sich jedoch nicht als serienreif erwiesen. Aber die Ideen des genialen Ingenieurs Professor Hellmuth Walter für die besondere strömungsgünstige Form von U-Booten fanden sich in dem neuen U-Boot-Typ wieder. Walter hatte bereits in den dreißiger Jahren mit einem Antriebsverfahren experimentiert, bei dem mit Hilfe eines Katalysators Wasserstoffperoxid in Heißdampf umgewandelt und anschließend über eine Turbine und einen Generator elektrischer Strom erzeugt wurde. Dabei ging es nicht allein darum, unter Wasser besonders hohe Geschwindigkeiten zu erreichen, sondern das Verfahren bedeutete zugleich einen Antrieb, der unter Wasser von der Außenluft nicht abhängig war – also ein Antrieb, der heute als AIP-Antrieb (Air Independent Propulsion) bezeichnet wird.

Parallel zu der Entwicklung seines Antriebes befasste sich Walter auch mit der Konstruktion des Bootskörpers. Er hatte erkannt, dass die U-Boote seiner Zeit zwar über Wasser ordentliche Fahreigenschaften hatten, unter Wasser aber schlecht liefen. So entwickelte er unter anderem stromlinienförmige U-Boot-Designs, bei denen er alle störenden Aufbauten und Einrichtungen wie Turm und Geschütze entfernte. Dadurch verringerte er den Widerstand im Wasser erheblich und verringerte zugleich die Geräuschentwicklung, die ein Boot bei Unterwasserfahrt erzeugt. So wurden seine Entwürfe unter Wasser deutlich schneller als über Wasser. Prototypen seiner Entwürfe – sogar mit Turm – brachten es bei Versuchsfahrten im Zweiten Weltkrieg auf Unterwassergeschwindigkeiten sogar bis zu etwa 26 Knoten – für die damalige Zeit unerhörte Werte.

Die Anfälligkeit der noch unausgereiften Antriebsanlage für Störungen, die geringe Verfügbarkeit von Wasserstoffperoxid und nicht zuletzt der gewaltige Durst der Antriebe ließen es jedoch nicht zu, dass Walter-U-Boote in Serie gingen. Dazu fehlten auch die Werftkapazitäten. Ohnehin hatte deshalb das Oberkommando der Marine und das Hauptamt Kriegsschiffbau (K-Amt) der Marine dem Bau von Prototypen nur widerwillig zugestimmt. Hinzu kam, dass zu Anfang der Krieges die konventionellen VIIC-U-Boote sehr erfolgreich operierten und es unter diesen Umständen anscheinend kaum eine Notwendigkeit gab, sich auf Experimente einzulassen.

Walter-Versuchs-Boot V 80 [2] von etwa 80 t erreichte 1940 Geschwindigkeiten bis zu 26 Knoten.

Dönitz allerdings, an den sich Walter gewendet und der das Potential der neuen Typen erkannt hatte, ließ nicht locker. Er erreichte, dass Hitler im Herbst 1942 einen Vortrag in der Reichskanzlei ansetzte, an dem unter anderem Dönitz als Befehlshaber der U-Boote, Admiral Werner Fuchs als Chef des K-Amtes, Großadmiral Raeder als Oberbefehlshaber der Kriegsmarine und Dipl.-Ing. Christian Waas vom K-Amt teilnahmen. Das Gespräch brachte den Durchbruch. Hinzu kam, dass die deutsche U-Boot-Waffe nach dem „Schwarzen Mai" im Jahr 1943 mit extrem hohen Verlusten in große Schwierigkeiten geraten war, da das Konvoi-System der Alliierten, ihre verbesserte Luftaufklärung und ihr Radar es deutschen U-Booten unglaublich erschwerten, wie bisher über Wasser zu operieren. Sie waren ihren Gegnern kaum noch gewachsen. So war es dringend notwendig, einen neuen Boot-Typ als Antwort auf die Misere zu schaffen. Im Frühjahr 1943 lag ein erster Entwurf für den U-Boot Typ XXI vor, den Dönitz im Juni akzeptierte, und im November erfolgte der Auftrag zum Bau von 170 Booten. Die Konstruktion basierte auf der Rumpfform des Walter-Entwurfs Typ XXVIII, war aber konventionell dieselelektrisch angetrieben, da eine Serienreife der Walter-Typen nicht zu erreichen war. Das 1.600 Tonnen große Boot zeichnete sich neben seiner hohen Unterwassergeschwindigkeit von bis zu 16 Knoten durch die sehr große Kapazität der Batterien und besonders leistungsfähige Elektromotoren aus – ein Grund dafür, diese Boote als „Elektro-Boote" zu bezeichnen. Es besaß einen Schnorchel, mit dem es fast unbegrenzt getaucht fahren konnte. Sechs Torpedorohre konnten hydraulisch innerhalb von nur 20 Minuten nachgeladen werden, anstatt wie bisher in mehreren Stunden. Die Reichweite der Boote, die auf eine Tauchtiefe von 220 Metern ausgelegt waren, lag bei maximal 15.500 Seemeilen (28.700 km) in Überwasserfahrt und getaucht bei maximal 340 Seemeilen (630 km). Daneben war das Boot mit allen technischen

U-Boot-Typ XXI – das „Elektro-Boot". (Archiv HDW/TKMS)

U-Boot Typ XXIII: Das bei Kriegsende im Kattegat selbstversenkte Boot (U 2365) wurde 1956 gehoben, bei den Kieler Howaldtswerken instand gesetzt und als U-HAI bei der Bundesmarine als Schulboot in Dienst gestellt. Hier eine Probefahrt am 25. September 1957. (Archiv HDW/TKMS)

Neuerungen ausgestattet, die verfügbar waren: Das neue Sonar sollte erlauben, Gegner zu erfassen und Torpedos auch aus 50 Meter Tiefe zielsicher abzufeuern, neue Funkmess-Beobachtungs- und Ortungsanlagen sollten gegnerische Schiffe besser orten und zugleich besser vor Flugzeugangriffen warnen. Mit speziellen Gummibelägen sollte das Boot besser gegen Ortung durch feindliches Radar geschützt werden, und schließlich kamen auch Tarn- und Täuschkörper zum Einsatz. Und die Boote waren leise. Bei ihren Testfahrten mit erbeuteten Typ XXI-Booten stellten die Amerikaner fest, dass die deutschen Boote viel leiser waren als ihre leisesten U-Boote.[3]

Nach den gleichen Konstruktionsprinzipien entstand ein „kleiner Bruder" für das große U-Boot. Der Typ XXIII war ebenfalls ein Elektroboot, allerdings für Küsteneinsätze vorgesehen. Das 250-Tonnen-Boot war schwach bewaffnet und mit vergleichsweise geringen Ortungsgeräten ausgestattet. Es besaß nur zwei Torpedorohre und konnte keine Ersatztorpedos mit sich führen, da die Rohre nur von außen zu beladen waren. Wie der Typ XXI besaß es einen 8-förmigen Druckkörper, der zwar von der idealen Kreisform für Druckkörper abwich, dafür aber die Aufnahme höherer Batteriekapazitäten erlaubte. Überwasser erreichte es eine Geschwindigkeit von rund 10 Knoten und unter Wasser konnte es maximal 12,5 Knoten laufen. Die Reichweite lag bei 2.600 Seemeilen (4.818 km) in Überwasserfahrt und getaucht bei 194 Seemeilen (359 km). Ab Juni 1944 bis Kriegsende ließen die Bauwerften 61 Boote vom Stapel, von denen sechs zum Kriegseinsatz kamen.

Unverkennbare Ähnlichkeit im Design hatte auch ein weiterer U-Boot-Typ, das Kleinst-U-Boot „Seehund" – Typ XXVII. Dieser U-Boot-Typ verdrängte 17 Tonnen, hatte eine Besatzung von 2 Mann und trug außen zwei Torpedos. Er hatte eine Reichweite von maximal gut 150 Seemeilen (280 km), die sich bei späteren Typen durch Zusatztanks auf rund 300 Seemeilen (556 km) vergrößerte, und erreichte über Wasser eine Geschwindigkeit von

Kleinst-U-Boot Typ XXVII (Seehund). Dieser unbekannte Seehund wurde von Auszubildenden der HDW im Rahmen ihrer Ausbildung restauriert und steht heute im Internationalen Maritimen Museum in Hamburg. (Rothaug/HDW)

8 Knoten und getaucht von 6 Knoten. In der kurzen Zeit vom Spätsommer 1944 bis zum Kriegsende wurden 285 Boote fertig gestellt. 60 von ihnen kamen noch zum Einsatz.

Dönitz, Ende Januar 1943 Oberbefehlshaber der Kriegsmarine, machte der Produktion Druck: Vorrang vor den bisherigen U-Boot-Typen hatten jetzt die Typen XXI und XXIII. Wertvolle Unterstützung kam vom Rüstungsminister Albert Speer, der auch die Marinerüstung übernommen hatte. Er

Produktion am Fließband: Vorgefertigte Hecksektion den U-Boot Typs XXI bei den Deutschen Werken in Kiel 1945. (Archiv HDW/TKMS)

heuerte einen Industriemanager, den Generaldirektor der Magirus-Werke, Otto Merker, als Leiter des U-Boot-Bauprogramms an. Der übertrug das System der Fließbandfertigung aus dem Autobau in den U-Boot-Bau. So wurden im Binnenland in verschiedenen Unternehmen U-Boot-Sektionen gefertigt, die auf den Werften zusammengeschweißt wurden. Das funktionierte einigermaßen. Allerdings behinderten die Luftangriffe den Transport der Sektionen an die Küste und auch war neben anderen Schwierigkeiten die Maßhaltigkeit der Sektionen nicht immer gegeben, so dass auf den Werften nachgebessert werden musste. Trotzdem gelang es, die Zahl der

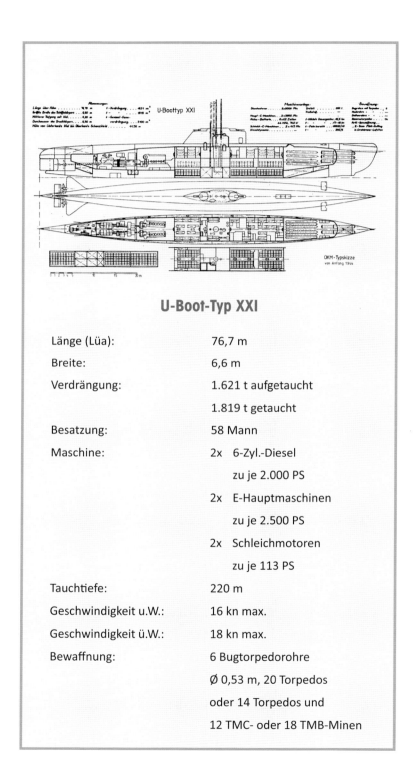

U-Boot-Typ XXI

Länge (Lüa):	76,7 m
Breite:	6,6 m
Verdrängung:	1.621 t aufgetaucht
	1.819 t getaucht
Besatzung:	58 Mann
Maschine:	2x 6-Zyl.-Diesel zu je 2.000 PS
	2x E-Hauptmaschinen zu je 2.500 PS
	2x Schleichmotoren zu je 113 PS
Tauchtiefe:	220 m
Geschwindigkeit u.W.:	16 kn max.
Geschwindigkeit ü.W.:	18 kn max.
Bewaffnung:	6 Bugtorpedorohre Ø 0,53 m, 20 Torpedos oder 14 Torpedos und 12 TMC- oder 18 TMB-Minen

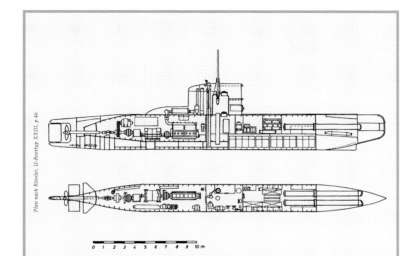

Plan nach Rössler, U-Boottyp XXIII, p 46

U-Boot-Typ XXIII

Länge (Lüa):	34,7 m
Breite:	3,0 m
Tiefgang:	3,7 m
Verdrängung:	234 t aufgetaucht
	258 t getaucht
Besatzung:	14 – 18 Mann
Antrieb:	1x 4-Zyl.-Diesel, 576 PS
	1x Haupt-E-Maschine, 580 PS
	1x Schleichfahrt-E-Maschine, 35 PS
Tauchtiefe:	150 m
Geschwindigkeit u.W.:	12,5 kn max.
Geschwindigkeit ü.W.:	10,0 kn max.
Bewaffnung:	2 Bugtorpedorohre Ø 0,53m, 2 Torpedos

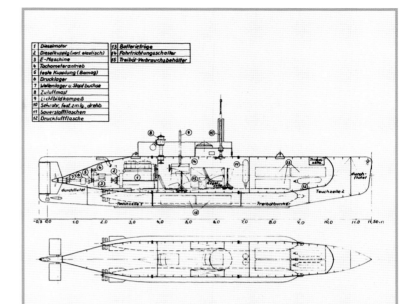

U-Boot-Typ XXVII

Länge (Lüa):	11,9 m
Breite:	1,7 m
Verdrängung:	17 t
Besatzung:	2
Antrieb:	1 6-Zyl. Dieselmotor, 60 PS
	1 E-Motor, 28 PS
Tauchtiefe:	30 m
Geschwindigkeit u.W.:	6 kn max.
Geschwindigkeit ü.W:	8 kn max.
Bewaffnung:	2 Torpedos G7e, außen mitgeführt.

Fertigungsstunden pro Boot deutlich zu verringern. Insgesamt wurden bis Kriegsende von ursprünglich geplanten 750 Booten 143 Typ XXI-U-Boote gebaut, davon 119 Boote in Dienst gestellt. Bei allen mussten aufgrund des überhastet begonnenen Bauprogramms Mängel beseitigt werden, weiter mussten die Boote eingefahren und ihre Besatzungen geschult werden. Das kostete wertvolle Zeit. Zur Frontreife gelangten daher die allerwenigsten. Und nur noch eines kam zum Einsatz: U 2511 unter Adalbert Schnee.

KRIEGSENDE: DIE BEGEHRTEN DEUTSCHEN U-BOOTE

Die alliierten Nachrichtendienste hatten schon während des Krieges Informationen über die deutschen U-Boot-Entwicklungen sammeln können. Begreiflich ist, dass sie nach der Kapitulation Deutschlands alles unternahmen, um die Konstruktionspläne der fortschrittlichsten U-Boot-Technologie in die Hand zu bekommen. Zwar hatte das Potsdamer Abkommen vom 2. August 1945 bestimmt, dass jeder der drei Alliierten USA, Großbritannien und Russland 10 deutsche U-Boote zur technischen Auswertung und Erprobung bekommen sollte. Darüber sollte eine Tripartite Naval Commission (TNC) entscheiden. Allerdings wartete die Royal Navy, die als erste Zugriff zu den Booten und ihren Konstruktionsunterlagen hatte, das Ergebnis der Beratungen innerhalb der Kommission gar nicht erst ab, sondern begann die Tests unverzüglich, zumal fast alle U-Boote, die sich im Mai ergeben hatten, nach Lisahally in Nordirland und in das Loch Ryan im südwestlichen Schottland überführt worden waren, um später in der Operation „Deadlight" versenkt zu werden.

Dies geschah mit vollem Wissen der amerikanischen Waffenbrüder, aber ohne die Russen zu informieren. Hier deutet sich der beginnende Kalte Krieg schon an, und das Misstrauen der Westmächte gegenüber Stalin hatte beträchtliche Ausmaße gewonnen. Ihnen war klar, dass in einem möglichen Krieg gegen Russland U-Boote im Seekrieg eine ganz wesentliche Rolle spielen würden. Deshalb hatten sie das größte Interesse daran, die fortschrittlichen deutschen Konstruktionen vor allem der U-Boot Typen XXI, XXIII und der Walter-U-Boote so schnell wie möglich gründlich kennenzulernen – und alles zu unternehmen, den Russen möglichst wenig Informationen zukommen zu lassen. So geschah schon die Verlegung der deutschen U-Boote in englische Gewässer, ohne dies den Russen vorher

U 190 ergab sich am 14. Mai 1945 auf Neufundland und wurde nach Halifax gebracht. (Foto: Archiv SUBSIM Radio Room)

anzukündigen[4]. Und sie nutzten die einzigartige Gelegenheit, die Boote einer privaten Inspektion zu unterziehen, sehr intensiv.

Die Briten waren auch die ersten, die sofort nach Kriegsende die deutschen U-Boot-Werften in ihrem Einflussbereich mit speziell geschulten Kräften gezielt untersuchten und umfangreiche Sammlungen an Konstruktionsplänen und amtlichen Unterlagen an sich nahmen. Und sie taten alles, um die Russen von Informationen über fortschrittliche U-Boot-Technologien fernzuhalten. Ganz abschotten konnten sie ihren östlichen Bundesgenossen allerdings nicht. Denn den Russen fielen in Danzig Sektionen und halbfertige U-Boote des Typs XXI in die Hände und vermutlich auch sehr viele Unterlagen. Daraus entwickelten sie Ende der vierziger Jahre ihre „Whisky"-Klasse.

Bereits im Juni 1945 hatte die Royal Navy eine Truppe von etwa 500 Offizieren und Mannschaften aufgestellt, die die erbeuteten U-Boote untersuchen und Testfahrten instand setzen sollten. Die US Navy, der sich keine Boote ergeben hatten, sollte zwei Typ XXI-Boote erhalten, an denen sie besonders interessiert war. So gelangten U 2513 und U 3008 hinter dem Rücken der Russen in aller Heimlichkeit in die USA – übrigens auch mit Hilfe deutscher U-Boot-Fahrer, die in Kriegsgefangenschaft geraten waren.

Während die Royal Navy mit der Erprobung der Typ XXI- und Typ XXIII-Boote wenig Glück hatte und sie daher aufgab, wohl auch aus Mangel an Instandsetzungs- und Reparaturkapazitäten, verlief die Erprobung von U 2513 und U 3008 in den USA erfolgreich und brachte der US Navy wertvolle Erkenntnisse. Neben dem tiefen Einblick in die zu dieser Zeit am weitesten entwickelten U-Boot-Technologie diente die Erprobung auch der Entwicklung neuer U-Boot-Taktiken, die sich daraus ergaben. So berichtete im Februar 1946 Rear Admiral John Wilkes, Commander Submarine Force Atlantic Fleet an den Chief of Naval Operations (CNO): „Untersuchungen des U-Boot-Typs XXI (U 2513) haben bereits gezeigt, dass

Alliierte Studien: Die Ausfahrgeräte des Typs XXI. (U-boat Archive – netdesign studies)

Der von den Alliierten vielbestaunte Schnorchel, belegt mit radarabweisendem Material.

(U-boat Archive – netdesign studies)

dieser Typ einen bemerkenswerten Fortschritt bei den Charakteristiken besitzt, die für künftige Kampf-U-Boote bezeichnend sind."[5] Und Kapitän zur See J. P. Clay, der amtierende Befehlshaber des amerikanischen Flotten-Ausbildungskommandos sekundierte: „Die überlegenen Qualitäten dieses U-Boots zeigen ein Boot, das bei Unterwassergeschwindigkeit und Ausdauer allem überlegen ist, auf das unsere U-Boot-Abwehr heute vorbereitet ist."[6] Daraus ergab sich, dass die U-Boot-Abwehr der US Navy nutzlos werden würde, falls ein Gegner der USA derartige Boote einsetzen konnte. So waren die Strategen der US Navy sehr schnell davon überzeugt, dass eine Sowjetunion, die derartige Schiffe besäße, eine ernsthafte Bedrohung für die USA darstellen würde.

Ähnlich äußerte sich auch der Chief of Naval Operations, Nimitz, in einem Schreiben an Präsident Truman vom 4. Juni 1946. Er hatte das Boot einen Monat zuvor gründlich inspiziert und hob hervor, dass dieser besondere U-Boot-Typ in tiefem Wasser einen Konvoi oder eine Task Group, die mit den üblichen Mitteln geschützt war, nahezu risikolos angreifen konnte und dabei zur Zeit nahezu immun gegen die Zerstörung durch irgendein Schiff oder Flugzeug oder eine Kombination aus beiden sei.[7]

So ließ es sich Präsident Harry S. Truman nicht nehmen, das Boot höchstpersönlich in Augenschein zu nehmen. Im November 1946 besuchte er U 2513 in Key West und unternahm mit ihm eine Tauchfahrt bis in 130 Meter Tiefe, und er ließ sich auch den Schnorchel in Aktion vorführen. Darüber berichtete „The Miami Herald" am 22. November, der im Foto den Präsidenten vom Turm winken ließ. Gut ein Jahr später verlieh der Präsident auf dem Boot an Offiziere der Testmannschaft als Auszeichnung für besondere Verdienste zwei Gold Stars und zwei Bronze Stars.

Erprobung und Studien an Typ XXI-Boot: U 3008 mit verändertem Turm vor der Portsmouth Navy Yard, Kittery, Maine (USA).

(U-boat Archive – netdesign studies)

Die Royal Navy, die schon bei der Erprobung der XXI-Boote wenig Glück hatte, wurde auch bei der Erprobung der Walter-U-Boote, an denen sie – vor allem am ausgereiftesten Entwurf des Typs XXVI ein ganz besonders Interesse hatte – vom Pech verfolgt. Ein geplanter Neubau bei Blohm & Voss, bei dem Walter-Turbinen eingesetzt werden sollten, auf die die Engländer noch Zugriff hatten, scheiterte. Denn die Werft wurde aus politischen Gründen demontiert und gesprengt.[8]

Sie arbeiteten jedoch in Eigenregie weiter an dem Bau von zwei Booten, die zehn Jahre später unter den Namen EXPLORER und EXCALIBUR in Dienst gestellt wurden. Nur gelang es ihnen nicht, die Probleme des Antriebs in den Griff zu bekommen, und es ereigneten sich zahlreiche Unfälle mit der Anlage. So erhielten sie von ihren Besatzungen die wenig liebevollen Spitznamen „Exploder" und „Extruder". Das Programm wurde damit ergebnislos eingestellt.

Verwirklicht wurden jedoch auf der Basis und Weiterentwicklung des Typ XXI-Designs U-Boote, die bei großen Tauchtiefen lange und schnell unterwegs sein konnten. Dies gipfelte in der Konstruktion und dem Bau von Atom-U-Booten, wie bei der US Navy die USS NAUTILUS und später im Rahmen des GUPPY-Programms[9] die SKIPJACK-Klasse. Die englische dieselelektrische OBERON-Klasse wurde aus dem deutschen Entwurf entwickelt, die russische Marine baute die WHISKY- und die ZULU-Klasse mit dieselelektrischem Antrieb und die französische Marine baute auf der deutschen Grundlage ihre OBERON-Klasse.

Bis auf ein Boot ist von den Typ XXI-Booten keines mehr erhalten. U 2540, das sich im Zuge der Operation Regenbogen am 4. Mai 1945 selbst versenkt hatte, wurde 1957 wieder gehoben und bei den Kieler Howaldtswerken instand gesetzt. Es diente der Bundesmarine, die damals wieder eine U-Boot-Flotte aufbauen sollte, unter dem Namen WILHELM BAUER als Versuchsschiff und wurde endgültig 1982 außer Dienst gestellt. Heute liegt es, betreut von der Arbeitsgemeinschaft „Technikmuseum U-Boot Wilhelm Bauer e.V.", im Deutschen Schifffahrtsmuseum in Bremerhaven.

US-Präsident Harry S. Truman im November 1946 nach seinem Besuch und der Tauchfahrt mit U 2513.

(U-boat Archive – netdesign studies)

Deutschland baut wieder U-Boote

Nach dem Ende des Zweiten Weltkriegs lag die deutsche U-Boot-Welt in Trümmern. Rund 200 Boote hatten sich in der Operation „Regenbogen" im Mai 1945 versenkt oder waren von ihren Besatzungen zerstört worden, damit sie den Siegern nicht in die Hände fallen sollten. Die restlichen verbliebenen über 150 Boote mussten an die Alliierten ausgeliefert werden und wurden in die schottischen Häfen Loch Ryan und Loch Eriboll sowie Moville und Lisahally bei Londonderry in Nordirland überführt – soweit sie denn fahrtüchtig waren. Von dort aus wurden sie bis auf etwa 40 Boote, die unter den Siegern verteilt worden waren, zwischen November 1945 und Februar 1946 in der Operation „Deadlight" auf See versenkt. Die Siegermächte waren sich damals einig: Deutschland sollte keine U-Boote mehr besitzen oder bauen dürfen. Niemals?

Juni 1945: 52 deutsche U-Boote, die nach Kriegsende ausgeliefert worden waren, vertäut in Lisahally, Nordirland.

(Sammlung Imperial War Museum)

den Druck auf den roten Knopf zum Abwurf der Atombombe, den General Douglas MacArthur eindringlich gefordert hatte. Unter dem Eindruck der ideologischen und militärischen Konfrontation zwischen dem West- und dem Ostblock kam es sehr bald zu der Einsicht der Westmächte, dass Westdeutschland in ihren strategischen Überlegungen als Cordon sanitaire eine Rolle spielen musste, um die sowjetische Expansion in Westeuropa einzudämmen. Dazu heißt es schon 1946 in einem Papier des britischen Vereinigten Generalstabs, das sich mit der Zukunft des Nord-Ostsee-Kanals befasst: „Now however, we consider that we may have to build up N.W. Europe as a protective area against the possibility of Soviet aggression."[1] So kam es 1949 zur Gründung der NATO und ebenso der Gründung der Bundesrepublik Deutschland durch Vereinigung der drei deutschen Westzonen. Schon kurz darauf führten die USA mit der

Tatsächlich verschlechterte sich nach Kriegsende das Verhältnis der Westmächte zu Stalin dramatisch. Aus gegenseitiger Abneigung entstand Misstrauen und aus Misstrauen der Kalte Krieg. Er gipfelte Anfang der 50er Jahre im Korea-Krieg, einem Stellvertreter-Krieg West gegen Ost, der die Welt bis an den Rand eines Dritten Weltkriegs und des Atomkrieges brachte. Nur die Besonnenheit von Präsident Harry S. Truman verhinderte Bundesregierung unter Konrad Adenauer Geheimverhandlungen über die Aufstellung westdeutscher Streitkräfte. 1951 wurde der Bundesgrenzschutz als paramilitärische Truppe aufgestellt, und nachdem 1954 die Pariser Verträge Deutschland weitgehende Souveränität verliehen hatten, trat der junge Staat 1955 der NATO bei und stellte trotz erheblichen Widerstandes in breiten Schichten der kriegsmüden deutschen Bevölkerung die Bundeswehr auf. Dies geschah nicht unvorbereitet: Bereits seit 1950 existierte das Amt Blank, das als Vorbereitung auf ein künftiges Verteidigungsministerium und eine künftige Bundeswehr gegründet wurde und sich unter Theodor Blank Gedanken über eine künftige Ausstattung einer künftigen deutschen Truppe machte. Dass dieses Amt nicht gerade den Bestimmungen der Potsdamer Konferenz entsprach, die eine Wiederbewaffnung Deutschlands verhindern wollte, liegt auf der Hand. Aber angesichts des immer schärfer werdenden Ost-West-Konflikts duldeten die Westmächte die Bestrebungen des Amtes nur zu gern.

Als das Amt Blank am 8. März 1955 den Auftrag zur Entwicklung neuer U-Boote für die noch zu gründende Bundesmarine vergab, musste der deutsche U-Boot-Bau nicht bei Null anfangen. Denn schon vorher hatten die Engländer deutsche Fachleute und ehemalige Wehrmachtsangehörige zusammengezogen und ihnen den Auftrag erteilt, zu untersuchen, welche Beiträge das nun verbündete Deutschland auf See leisten könne.[2] So hatte auch das Amt Blank frühzeitig Überlegungen zum Aufbau einer deutschen U-Boot-Flotte angestellt und zwei erfahrene U-Boot-Konstrukteure, Christoph Aschmoneit und Ulrich Gabler, mit der Aufgabe betraut, Vorschläge für eine U-Boot-Waffe der künftigen Bundesmarine auszuarbeiten. Gerade die strategische Lage Westdeutschlands nahe zu den Ostseezugängen und auf der anderen Seite zu den Ostseeanrainern des Ostblocks machte es wünschenswert, dass die künftige deutsche Marine auch wieder über U-Boote verfügen sollte. Hier war also auch deutscher U-Boot-Sachverstand gefragt.

Vergleichbare Überlegungen gab es auch in der jungen DDR. In Absprache mit der sowjetischen Führung plante sie, einen „U-Boot-Dienst"

Abtransport eines Typ XXIII-Boots von der Kieler Werft Deutsche Werke im Jahr 1945.

(Archiv HDW/TKMS)

aufzubauen, der bis 1955 insgesamt 13 U-Boote mit der dazugehörigen Infrastruktur an Stützpunkten und Ausbildungsstätten umfassen sollte. Tatsächlich aber wurde daraus nichts. Zwar war auf Rügen ein Hafenort schnell gefunden und mit seinem Ausbau begonnen. Die Rekrutierung u-booterfahrener Offiziere und Mannschaften erwies sich aber als ungleich schwieriger, da sie nicht nationalsozialistisch belastet sein durften. So gelang es kaum, ausreichend qualifiziertes Personal zu gewinnen. Es kam noch zur Gründung einer U-Boot-Lehranstalt, deren Betrieb bereits

1953 und mit ihm alle U-Boot-Träume wieder eingestellt wurde – letztlich aus Mangel an Geld für das viel zu ambitionierte U-Boot-Bauprogramm.[3]

Anders in Westdeutschland. Hier war der Aufbau einer U-Boot-Waffe beschlossene Sache und wurde tatkräftig angepackt. Aber ganz trauten die neuen NATO-Verbündeten den deutschen U-Boot-Fahrern neun Jahre nach Ende des Zweiten Weltkriegs denn doch nicht. Sie gestanden der neuen deutschen Marine nur Boote im Westentaschenformat zu: Sie durften zunächst nicht größer als 350 Tonnen sein.

So erhielten im März 1955 Oberregierungsbaurat Christoph Aschmoneit und Dipl.-Ing. Ulrich Gabler vom Amt Blank den Auftrag, in einem Gutachten einen Vorschlag für ein 350-Tonnen-Boot auszuarbeiten. Beide besaßen große Erfahrungen im Bau von U-Booten.

Aschmoneit, der Schiffbau studiert hatte, erhielt bereits 1933 eine U-Boot-Ausbildung auf dem IvS Boot „CV 707" in Finnland. 1935 kam er als Marinebaurat zum Erprobungsausschuß für U-Boote der Kriegsmarine und wurde 1938 zum Konstruktionsamt der Marineleitung nach Berlin versetzt. 1943 übernahm er die Leitung der Abteilung Unterseeboote (K I U) im Hauptamt Kriegsschiffbau als Nachfolger von Friedrich Schürer, der schon beim IvS maßgeblich an der U-Boot-Entwicklung beteiligt war. Unter Aschmoneit wurde unter anderem das Kleinst-U-Boot Typ XXVII – Seehund – entwickelt, und er war an der Erprobung des U-Boot-Typs XXI beteiligt. Nach dem Krieg arbeitete er zunächst überwiegend in der Wasser-und Schifffahrtsverwaltung, zuletzt bei der Wasser- und Schifffahrtsdirektion Nord in Kiel, bis er 1957 als Leitender Regierungsdirektor zum Bundesamt für Wehrtechnik und Beschaffung (BWB) wechselte und von dort aus gemeinsam mit dem IKL die U-Boot-Klassen 201 und 205 konzipierte.

Als die norwegische Marine Anfang der sechziger Jahre 15 U-Boote der KOBBEN-Klasse bei den Emdener Nordseewerken bestellte und U 3 von der Bundesmarine als Trainingsboot auslieh, wurde Aschmoneit der norwegischen Marine beigeordnet, um technische und vertragliche Probleme zu lösen. Er tat das schnell, gründlich und unbürokratisch, und dafür verlieh ihm der norwegische König Olav V. den Sankt-Olav-Orden. Nach seiner Pensionierung im Jahr 1977 beriet er die Kieler HDW noch acht Jahre in Vertragsfragen und machte sich dabei besonders um die damals neue Klasse 209 verdient.

Gabler[4], der Maschinenbau und Schiffbau studiert hatte, wurde 1938 Mitarbeiter des Lübecker Ingenieurkontors für Schiffbau (IfS), dem Ableger des IvS. Zu Kriegsbeginn meldete er sich zur U-Boot-Waffe und fuhr als Leitender Ingenieur bis 1942 auf U-Booten. 1942 wurde er zur Firma Walter in Kiel kommandiert. Unter der Leitung von Marinebaudirektor Dr. Karl Fischer war Gabler maßgeblich an den Entwürfen für die neuen Walter-U-Boots-Typen XXII, XVII A und XXVI beteiligt. Um sich mit der neuen Antriebstechnik der Boote vertraut zu machen, nahm Gabler mehrfach an Probefahrten

Christoph Aschmoneit (links) und Ulrich Gabler (rechts).

teil und steuerte sogar das kleine Versuchsboot V 80 mit seiner Höchstgeschwindigkeit von 26 Knoten mehrfach selbst. Daneben entwickelte er zusammen mit dem Kollegen Heep die holländische Erfindung des Schnorchels zur Einsatzreife.

1944 wechselte er mit Fischer in das zentrale U-Boot-Konstruktionsbüro „Glückauf" nach Blankenburg im sicheren Harz und übernahm als Hauptabteilungsleiter das Projektbüro. Dort arbeitete er an der Fertigstellung der Konstruktions- und Bauunterlagen für den Walter-Typ XXVI, des „Seehunds" und eines weiteren Kleinst-U-Boots „Delphin", dessen Prototyp er in der Neustädter Bucht selbst erprobte. Das Kriegsende sah ihn als Flottilleningenieur in Wilhelmshaven. Ironie des Schicksals: Kurz vor der Einnahme Wilhelmshavens durch die Engländer erhielt er den Befehl, alle U-Boote, die im Hafen lagen, zu versenken. Er tat es effektiv und versenkte mit Hilfe von nur zwei älteren U-Boot-Fahrern innerhalb von nur drei Stunden 22 U-Boote.

Noch 1945 erhielt er die Nachricht, dass sein alter Arbeitgeber, das IfS in Lübeck noch existierte und er dort wieder eintreten könne. Es hatte sich neuen Aufgaben zugewendet und konstruierte Geräte für die Bau-, Land- und Forstwirtschaft und sah hier durchaus Absatzmöglichkeiten. Allerdings musste das IfS als Tochterunternehmen der Friedrich Krupp Germaniawerft aufgelöst werden. So gründete Gabler gemeinsam mit dem letzten IfS-Direktor Fritz Ebschner, der als stiller Teilhaber fungierte, 1946 ein neues Unternehmen, das INGENIEURKONTOR LÜBECK (IKL), Inh. Dipl.-Ing. Ulrich Gabler. Hauptgeschäftsfelder der jungen Firma waren zwar der Stahlbau, Gerätebau für die Landwirtschaft und der Antennenbau für das Funkwesen, aber eine Episode blieb das Engagement in einer kleinen Werft. Daneben hielt sich Gabler, der als U-Boot-Konstrukteur der modernsten U-Boote des Zweiten Weltkrieges auch im Ausland einen guten Ruf hatte, über die Weiterentwicklung des U-Bootsbaus auf dem Laufenden. Schon 1949 hatte ihn die schwedische Marine eingeladen, sie über die neuesten Entwicklungen zu informieren. Etwa in dieser Zeit entstanden zwei U-Boot-Entwürfe IK 1 mit 560 Tonnen und IK 2 mit etwa 300 Tonnen, die an die letzten U-Boot-Projekte der Kriegsmarine anknüpften. 1954 erhielt das IKL einen Konstruktionsauftrag für ein U-Boot der italienischen Marine und 1955 den Auftrag, ein U-Boot für die brasilianische Marine zu konstruieren. Den ersten inländischen U-Boot-Entwicklungsauftrag über ein kleines 58-Tonnen-U-Boot – „Jäger-U-Boot" – bekam das IKL 1957 von den Bremer Atlas-Werken.

1958 erreichte das IKL den Auftrag zur Konstruktion eines 350-Tonnen-U-Boots, das sich an die Eigenschaften des U-Boot-Typs XXIII anlehnte. Es sollte ein reines Unterseeboot werden, möglichst geräuscharm fahren und möglichst viele Torpedorohre besitzen. Daraus wurde die Klasse 201 – der Anfang für den Aufbau der neuen deutschen U-Boot-Flotte. Ihm folgten aus dem Konstruktionsbüro in Lübeck alle folgenden U-Boot-Klassen für die Bundes- und die Deutsche Marine. Gerade die Tonnagebeschränkung hat dazu beigetragen, dass die Lübecker U-Boot-Konstrukteure gezwungen waren, möglichst viel Leistung auf geringstem Raum unterzubringen. So entstanden für ihre Größe besonders kampfkräftige U-Boote. Das IKL entwarf im Lauf der Jahre mit großem Erfolg ebenso U-Boote für verschiedene Marinen im Ausland, darunter ausgesprochene „Verkaufsschlager" wie die U-Boot-Klasse 209, die zur erfolgreichsten diesel-elektrischen U-Boot-Klasse der Welt geworden ist. Tom Clancy hat sie zwar in seinem Buch „Atom-U-Boot" vom hohen Ross der „Nukes" als „Volks-U-Boot" bezeichnet. Das mag geringschätzig erscheinen, aber der Volkswagen läuft bekanntlich, und läuft und läuft ... Das IKL, dem der Erfolg der deutschen U-Boot-Industrie im Wesentlichen zuzuschreiben ist, wurde 1994 von der Kieler Howaldtswerke-Deutsche Werft AG übernommen.

Auch die Bundesmarine arbeitete intensiv am Aufbau der neuen deutschen U-Boot-Waffe. Zunächst einmal galt es ausreichend Besatzungen für die neuen U-Boote zu gewinnen und ebenso Boote zur Verfügung zu haben, auf denen sie ausgebildet werden konnten. Die Tonnagebeschränkung auf 350 Tonnen stellte die Verantwortlichen vor ein großes Problem, weil bei keiner der NATO-Marinen derart kleine Boote zur Verfügung standen. So verfiel man kurzerhand auf die Idee, in der Ostsee gesunkene Weltkrieg II-U-Boote der damals modernsten Typen wieder zu heben, instandzusetzen und als Ausbildungsschiffe in Dienst zu stellen. So hob das Hamburger Bergungsunternehmen Beckedorf 1956 das Typ XXIII U-Boot 2365 in der Nähe von Anholt im Kattegat und das Schwesterschiff U 2367 in der Nähe von Schleimünde. Die Boote wurden zu den Kieler Howaldtswerken geschleppt und dort an Land gesetzt. Dabei stellte sich heraus, dass der Erhaltungszustand beider Boote über Erwarten gut war. So hatte der letzte Kommandant von U 2365, der auch die Bergung seines alten Bootes begleitete, vor der Selbstversenkung alle Ölbehälter geöffnet und das Boot damit ordentlich konserviert. Beide Boote konnten auf der Werft in kurzer Zeit wieder instandgesetzt und mit einigen Modifikationen als U HAI (S 170) und U HECHT (S 171) als Schul-U-Boote am 15. August 1957 in Dienst gestellt werden. Zu dem raschen Umbau trug nicht unerheblich bei, dass das IKL noch die kompletten Bauunterlagen des Typs XXIII besaß, die Gabler über das Kriegsende hinweg gerettet hatte.

Die Tatsache, dass Deutschland ausgerechnet zwei U-Boote aus Großadmiral Dönitz' gefürchteten Wolfsrudeln wieder in Betrieb nahm, weckte im Ausland Aufsehen. So ließ es sich die New York Times am 16. August 1957 nicht nehmen, das Ereignis wie folgt zu würdigen: „Refloated Nazi U-Boat Put Into Operation at Kiel".

Bergung eines bei Bombenangriffen versenkten Typ XXI-Bootes bei der Deutsche Werke AG in Kiel im Jahr 1945. (Archiv HDW/TKMS)

Mit HAI und HECHT besaß nun die Bundesmarine zwei passende Ausbildungsboote. Gehoben hatte John Beckedorf 1957 aber noch ein drittes hochmodernes Typ XXI-Boot U 2450 bei Flensburg Feuerschiff. Auch dieses Boot hatte sich unbeschädigt bei Kriegsende selbst versenkt und zeigte sich auch bei der Bergung in sehr gutem Zustand. Was aber tun? Der Haken bei der Angelegenheit war nämlich, dass dieses Boot überhaupt nicht in die Vorschriften nach Tonnagebeschränkung passte. So kauften es die Kieler Howaldtswerke kurzentschlossen auf, zumal bei der Bundesmarine ein verständlicherweise starkes Interesse an dem Schiff bestand. Schließlich entschied das Bundesverteidigungsministerium das Boot als Schul- und Versuchsboot für die neuen Boote der Bundesmarine zu nutzen und entsprechend umbauen zu lassen. Unter dem Namen WILHELM BAUER wurde das Boot 1960 wieder in Dienst gestellt und wegen seiner neuen stromlinienförmigen Turmverkleidung von seiner Besatzung liebevoll in „Schnelltriebwagen" umgetauft. Bis 1980 diente es als Erprobungsträger, zuletzt mit ziviler Besatzung. Nach der Außerdienststellung wurde das Boot in den alten Zustand zurückgebaut und als Museumsschiff nach Bremerhaven gebracht.

U 2365 – Typ XXIII – nach der Bergung im Kattegat im Jahr 1956 bei den Kieler Howaldtswerken. (Archiv HDW/TKMS)

DER WIEDERAUFBAU DER DEUTSCHEN U-BOOT-INDUSTRIE

Anders als in den meisten Ländern, in denen Marineschiffe auf staatseigenen Werften gebaut werden, ist ihr Bau in Deutschland privatwirtschaftlich organisiert und wird von einer Reihe Werften betrieben. Dabei ist heute die ThyssenKrupp Marine Systems GmbH (TKMS) – ehemals HDW – die einzige Werft in Deutschland, die noch U-Boot-Bau betreibt. In Kiel begann auch der Wiederaufbau der deutschen U-Boot-Industrie.[5]

Als 1956 die beiden Typ XXIII-Boote zu den Kieler Howaldtswerken geschleppt wurden, boomte der Handelsschiffbau, und die gut ausgelasteten deutschen Werften hatten wenig Interesse daran, sich ausgerechnet mit dem Bau von ein paar wenigen U-Booten zu beschäftigen, da es sich zunächst nicht absehen ließ, dass daraus ein Geschäft werden könnte. U-Boot-Bau galt als winzige Nische im Schiffbau, die aber zunächst auch Investitionen erforderte. Hinzu kam natürlich auch, dass so kurz nach dem Krieg die Beschäftigung mit Kriegsschiffen nicht ge-

BONN GETS SUBMARINE

Refloated Nazi U-Boat Put Into Operation at Kiel

KIEL, Germany, Aug. 15 (AP) —West Germany's Navy put its first submarine into operation today.

Under the treaties allowing West German armament within the North Atlantic alliance, the country is permitted to have a 25,000-man navy.

The 250-ton submarine, called Hai (shark), was built for Hitler's wartime navy but never saw action. Shortly after the submarine was delivered, Germany capitulated and the U-boat's crew scuttled the ship in the Baltic. The vessel was salvaged and repaired.

The New York Times

15. August 1957: Das restaurierte und modernisierte U 2367 wird als U HAI bei den Kieler Howaldtswerken zu Wasser gelassen; die New York Times vom 16. August 1957.

(Archiv HDW/TKMS)

rade populär war. So hieß der U-Boot-Bau bei HDW ja lange Jahre auch verschämt „Sonderschiffbau". Zu dem Wort „U-Boot" mochte man sich mit Rücksicht auf die kritische Öffentlichkeit nicht bekennen. Als allerdings Anfang der 60er Jahre deutlich wurde, dass die Bundesmarine eine größere Anzahl von U-Booten bestellen wollte und als es später erlaubt wurde, U-Boote zu exportieren, erwachte auch das Interesse der deutschen Industrie an diesem anspruchsvollen Schiffbau, der technologische Höchstleistungen erfordert. So entstand eine leistungsfähige Zulieferindustrie, zu der heute Unternehmen wie ATLAS ELEKTRONIK mit Sensoren und Führungs- und Waffeneinsatz-Systemen, Zeiss mit hochmodernen Sehrohren, SIEMENS mit Elektronik und der Brennstoffzelle, Raytheon Anschütz mit Navigationssystemen, L-3 Elac Nautik mit Unterwasserakustik, MTU mit U-Boot-Dieseln, Gabler Maschinenbau mit Ausfahrgeräten und viele andere Unternehmen in der Bundesrepublik gehören. Diese außerordentlich leistungsfähige und innovative industrielle Basis ist die Grundlage für den Welterfolg des deutschen U-Boot-Baus nach dem Kriege, die Professor Gabler und das IKL zunächst geschaffen hatten. Das hat auch Folgen für die Beschäftigung: Heute beschäftigt ein Mitarbeiter des U-Boot-Baus auf der Werft etwa fünf Mitarbeiter in der Zulieferindustrie. Das heißt in Zahlen, dass vom U-Boot-Bau an der Küste rund 10.000 Familien in ganz Deutschland leben, davon über die Hälfte im tiefsten Binnenland.

Versuchsboot U WILHELM BAUER vormals Typ XXI-Boot U 2450. (Archiv HDW/TKMS)

Maßgeblich für den Erfolg im Inland und später im Export ist das Prinzip des Generalunternehmers (GU). Es wurde bereits 1969 eingeführt. Seit damals, und das gilt bis heute, zeichnet HDW/TKMS technisch und wirtschaftlich als Generalunternehmer allein verantwortlich für das Gesamtsystem und den Nachweis aller vertraglichen Leistungsdaten der U-Boote. Dazu gehört auch die vollständige Seeerprobung aller Boote unter der Verantwortung von HDW/TKMS. Die Werft führt sie mit eigenem Personal, darunter auch eigenen U-Boot-Besatzungen sowie zwei eigenen Begleitschiffen, PEGASUS II und HERKULES, in der Ostsee ebenso wie im Skagerrak und vor der norwegischen Küste aus. TKMS hat im norwegischen Kristiansand dafür eigens einen Hafen angemietet, von dem aus die HDW-Besatzungen Tiefwasser-Erprobung fahren. Darüber hinaus bildet HDW/TKMS in einem werfteigenen Trainingszentrum die Besatzungen der Kundenmarinen in der technischen Beherrschung der Boote aus. Und so liefert HDW/TKMS „schlüsselfertige" U-Boote aus, die vollständig erprobt und eingefahren sind. Die in Deutschland schon bewährte Generalunternehmerschaft hat sich im Export besonders bewährt und ist ein eindeutiger Wettbewerbsvorteil. Denn bei der französischen und der britischen Konkurrenz waren die Verantwortlichkeiten für die abzuliefernden Boote geteilt. Das Nebeneinander von Marine, staatlichen Stellen und Privatunternehmen führt zu keinen klaren Verantwortlichkei-

Links: U-Boot-Begleitschiffe PEGAGSUS II und HERKULES vor Kristansand.
Rechts: Kieler U-Boot-Bau: Ausrüstung im Torpedorohr. (Fotos: Peter Neumann/YPS)

ten. So lassen sich der eindeutige Nachweis und die Verantwortung für die im Vertrag festgelegten Leistungsdaten nur schwer erbringen, und beim Käufer verbleiben Restrisiken, die nicht unerheblich sind. Daher bevorzugen viele Kundenmarinen das Prinzip des Generalunternehmers, der ihnen gegenüber allein voll verantwortlich ist.

Eine ebenso wichtige Rolle im Export spielt die Deutsche Marine als „parent navy". Allein schon, dass sie ihre Boote im Inland bauen lässt und sie erfolgreich fährt, ist ein Vertrauensbeweis, den ausländische Kunden honorieren. Die Deutsche Marine hat auch als erste die neuen Brennstoffzellenboote der Klasse 212A bestellt, die sich inzwischen als Erfolgsmodell erwiesen haben. Daneben gibt sie ausländischen Kundenmarinen, besonders, wenn sie wenig u-booterfahren sind, Hilfestellung im Fahren der Boote und beim taktischen Training.

NEUE U-BOOTE FÜR DIE EIGENE MARINE UND SKANDINAVIEN

Am 16. März 1959 erhielten die Kieler Howaldtswerke den Auftrag zum Bau von 12 U-Booten der Klasse 201, und am 21. Oktober 1961 schwamm das erste 350-Tonnen-Boot – U 1 – auf. U 2 und U 3 folgten ein Jahr später. U 3 ging zunächst als Leihgabe an die norwegische Marine im Vorgriff auf geplante 15 U-Boote der Klasse 207, die die norwegische Marine 1961 bei der Werft Rheinstahl Nordseewerke bestellt hatte. Die 201er-Boote waren vom Pech verfolgt. Sie sollten aus antimagnetischem Stahl gebaut

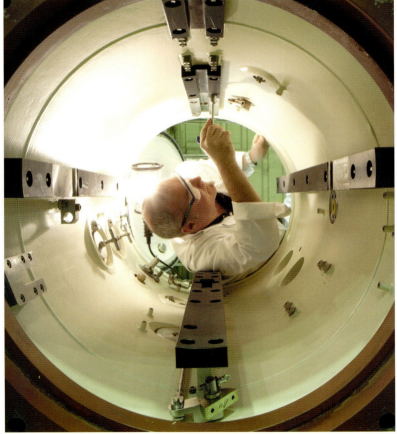

werden. Der dafür ausgewählte Stahl erwies sich allerdings als untauglich. Unglücklicherweise waren bei der Materialprüfung unbemerkt zwei Stahlproben vertauscht worden, so dass der ausgewählte Stahl Risse bekam, und die U-Boote waren damit kaum tauchfähig. Deutschland hatte seinen ersten Rüstungsskandal.

Noch während der Bauzeit dieser Boote wurde entschieden, die folgenden Boote mit einer neuen, allerdings sehr voluminösen Weitsonaranlage (WSU) auszustatten. Daraus folgte eine Neukonstruktion des IKL unter der Klassenbezeichnung 205, die jedoch die Tonnagebegrenzung von 350 Tonnen um fast 50 Tonnen überschritt. Auf Antrag der Bundesregierung hob die WEU die erlaubte Tonnage 1962 auf 450 Tonnen an und gab mit einer Ausnahmegenehmigung auch die Erlaubnis zum Bau von sechs U-Jagd-U-Booten der Klasse 208 mit rund 1000 Tonnen. Über diese Klasse dachte das Verteidigungsministerium lange nach, ohne zu einer Entscheidung zu kommen. So wurde sie nie gebaut.

Inzwischen waren die Amerikaner auf den jungen deutschen U-Boot-Bau und noch mehr auf die so leistungsfähigen und kampfkräftigen kleinen deutschen U-Boote aufmerksam geworden. Sie installierten während des Baues der Klasse 207 in Hamburg eine „Military Assistance Advisory Group", die den Bau „beobachten" sollte.[6] Tatsächlich waren die Amerikaner angesichts der Bedrohung der NATO-Nordflanke im Kalten Krieg bereit, Norwegen die Hälfte der Anschaffungskosten für die Boote zu bezahlen.[7] Schon deshalb mussten sie ein berechtigtes Interesse daran haben, den Fortgang der Bauarbeiten und später das Verhalten der Boote im Einsatz kennen zu lernen.

Ein Intermezzo blieb derweil der Bau von zwei U-Booten der Klasse 202 – HANS TECHEL und FRIEDRICH SCHÜRER. Die 137 Tonnen kleinen Boote waren als Erprobungsträger für die Klassen 201 und 205 gedacht und sollten später zur Aufklärung eingesetzt werden, erwiesen sich aber letztlich als nutzlos. So wurden sie verschrottet, kaum nachdem sie in Dienst gestellt waren.

U-Boot Klasse 201 – U 1. (Archiv HDW/TKMS)

U-BOOT KLASSE 201 (U 1 – U 3)

Verdrängung:	350 t aufgetaucht
	450 t getaucht
Länge:	42 m
Breite:	4,6 m
Besatzung:	21 Mann
Antrieb:	Dieselmotor 1.200 PS
	Elektromotor 1.200 PS
Geschwindigkeit:	10,7 kn über Wasser
	17,0 kn unter Wasser
Reichweite:	3.800 sm über Wasser
	230 sm unter Wasser
Bewaffnung:	8 Torpedorohre, Ø 533 mm
	8 Torpedos oder 16 Seeminen

Am 12. Dezember 1960 erhielten die Kieler Howaldtswerke den Auftrag über 9 U-Boote der Klasse 205, die das IKL aus der Klasse 201 weiterentwickelt hatte. Der Umfang der Änderungen am ursprünglichen Entwurf der Klasse 201 war so groß, dass die Umkonstruktion vielfach eine Neukonstruktion bedeutete. Die ersten Boote – U 4 bis U 8 – waren noch mit dem falschen Stahl gebaut worden, da sich seine Untauglichkeit erst nach Baubeginn herausgestellt hatte. So stellte die Marine die Boote unter Beschränkungen für Ausbildungszwecke in Dienst, und für die Folgeboote wurde erst einmal ein Baustopp verhängt, bis ein geeigneter Stahl vorlag. Bei ihnen wurden verschiedene antimagnetische Stähle erprobt, bis sich ein Stahl als besonders geeignet erwies, der seitdem für alle deutschen U-Boote verwendet wird. Zugleich wurde die Klasse 205 weiter verbessert und damit zur Klasse 205 mod.

Zwei weitere Boote der Klasse 205 entstanden in Lizenz auf der Kopenhagener Orlogswerft und wurden unter den Namen NARHVALEN und NORDKAPEREN 1970 von der dänischen Marine in Dienst gestellt.

Den vorläufigen Abschluss des U-Boot-Bauprogramms der Bundesmarine bildeten die 18 Boote der Klasse 206, die alle in den 70er Jahren in Dienst gestellt wurden. Bei diesen Booten schöpfte das IKL die von der WEU genehmigte Gesamttonnage von 450 Tonnen voll aus. Während in den Klassen 201 und 205 ein hoher Anteil an Ballast verwendet wurde, weil man annahm, dass er unter den WEU-Bedingungen von der Gesamttonnage abzugsfähig war, sollte jetzt ein U-Boot konstruiert werden, bei dem der Ballast und alle freiwerdenden Gewichte vollständig durch Batterien ersetzt wurden. Denn die Elektronik, die immer umfangreicher wurde – leistungsfähigere Ortungs-, Feuerleit- und Kommunikationsanlagen – schluckte Unmengen an Strom. Zugleich durften die Fahrleistungen im getauchten Zustand nicht leiden. Darüber hinaus sollten die Boote drahtgelenkte Torpedos verschießen können. Und um die volle Kapazität der mitgeführten Torpedos nicht einschränken zu müssen, konnten die

U-BOOT KLASSE 205

Verdrängung:	450 t aufgetaucht
	500 t getaucht
Länge / Breite	45,7 m / 4,6 m
Besatzung:	22 Mann
Antrieb:	Dieselelektrisch
	2 Dieselgeneratoren, jeweils 600 PS
	1.500 PS Elektromotor
Geschwindigkeit:	10,0 kn über Wasser, 17,0 kn unter Wasser
Reichweite:	4.200 sm über Wasser
	ca. 230 sm unter Wasser
Nenntauchtiefe:	100 m
Bewaffnung:	8 Torpedorohre, Ø 533 mm
	geeignet für Minen

U-Boot Klasse 205 mit Versuchsbug (Archiv HDW/TKMS)

Boote bei Bedarf außerhalb des Rumpfes einen Minengürtel mit sich führen, der 24 Minen aufnehmen konnte.

Den Bau-Auftrag erhielten 1969 die Kieler HDW und die Rheinstahl Nordseewerke gemeinsam. Hier kam zum ersten Mal das Prinzip des Generalunternehmers (GU) zum Tragen. Dabei übernahm HDW die Rolle des Generalunternehmers mit der Gesamtverantwortung für das Projekt und die Nordseewerke fungierten als Unterlieferant.

Diese Boote mit ihrem typischen Sonardom auf dem Bug, von denen einige zur Klasse 206A umgebaut wurden, haben sich in ihrer Dienstzeit außerordentlich bewährt. Während des Kalten Krieges haben sie vor allem in der Ostsee und den Ostseezugängen operiert. Danach tauchten sie regelmäßig im Mittelmeer auf und nahmen dort an Einsätzen und Übungen teil. Im Flachwassereinsatz waren sie in ihrer Zeit – also zwischen 1973 und 2011 – allen anderen U-Boot-Klassen überlegen. Aber auch im Tiefwasser haben sie sich bewährt. Sie nahmen an NATO-Manövern im Atlantik und in der Karibik teil und lehrten sogar die US Navy das Fürchten, als es ihnen gelang, unbemerkt mit einem Scheinangriff neben einem gut geschützten amerikanischen Flugzeugträger aufzutauchen. Die Boote waren so gut wie nicht zu orten.

DEUTSCHE ATOM-U-BOOTE?

Wie das Ungeheuer von Loch Ness taucht in den Kreisen alter U-Boot-Fahrer der Bundesmarine immer wieder das Gerücht auf, Deutschland habe Atom-U-Boote bauen wollen. Anders als das sagenhafte schottische

U-BOOT KLASSE 206 / 206A

Verdrängung:	450 t aufgetaucht
	498 t getaucht
Länge:	48,6 m
Breite:	4,6 m
Besatzung:	27 Mann
Antrieb:	Dieselelektrisch
	2 Dieselgeneratoren, jeweils 600 PS
	1.500 PS Elektromotor
Geschwindigkeit:	max. 10,0 kn über Wasser
	max. 17,0 kn unter Wasser
Reichweite:	4.500 sm über Wasser
	ca. 230 sm unter Wasser
Nenntauchtiefe:	über 200 m
Bewaffnung:	8 Torpedorohre, Ø 533 mm
	Mitführbarer Minengürtel für 24 Minen.

U-Boot Klasse 206A der Deutschen Marine (Peter Neumann/YPS)

See-Ungeheuer ist das deutsche Atom-U-Boot keine Schimäre, jedenfalls nicht ganz. Im August 2008 berichtete der SPIEGEL[8] unter dem Titel „Begehrliche Wünsche" vom Fund eines jungen Historikers, Alexander Lurz, im britischen Nationalarchiv. Aus dem einst geheimen Bericht des britischen Botschafters bei der NATO, Frank Roberts, nach einem Gespräch mit NATO Oberbefehlshaber in Europa, General Lauris Norstad, geht hervor, dass die Regierung Adenauer mit ihrem Verteidigungsminister Franz Josef Strauß Atom-U-Boote für die Marine wollte.

In dem Papier vom 26. April 1960 zitiert Roberts einen sehr ungehaltenen Norstadt, der sich darüber ärgerte, dass Deutschland schon seit zwei Jahren in Washington darauf drängte, ein Atom-U-Boot zu bekommen. Erst kürzlich habe Außenminister Brentano wieder nachgefragt. Dem müsse man, so Norstadt, den Deutschen ein sehr festes „Nein" entgegensetzen. Ein ozeantaugliches deutsches Atom-U-Boot mit unbegrenzter Ausdauer sei das Letzte, was die NATO von Deutschland wolle. Dafür gebe es auch keinen militärischen Grund. Das hätte das amerikanische Außenministerium der deutschen Regierung längst klarmachen müssen. Das aber habe ihn konsultiert, und er sei es leid, dass die Last politischer Entscheidungen auf seine Schultern abgewälzt werde.

Mit Franz Josef Strauß hatte die Regierung Adenauer einen glühenden Verfechter der atomaren Bewaffnung der Bundeswehr in ihren Reihen. Er war unter anderem von 1955 bis 1956 Bundesminister für Atomfragen und von 1956 bis 1962 Verteidigungsminister. Und er war wie Konrad Adenauer überzeugt davon, dass man den Frieden nur erhalten könne, wenn man den atomaren Wettlauf mit der Sowjetunion gewinne. Pikant an seinem Drängen nach den Nuklearbooten war allerdings, dass die Nato-Verbündeten Deutschland gerade erst die kleinen 350-Tonnen-Boote zugestanden hatten. Und dass auch nur, weil der Kalte Krieg sie dazu zwang. Pikant war weiter, dass Deutschland in den Pariser Verträgen 1954 zugesagt hatte, auf Kriegsschiffe zu verzichten, „die anders als mit Dampfmaschinen, Diesel- oder Benzinmotoren, Gasturbinen oder Strahlantriebe angetrieben werden".[9] Das schloss Atomantriebe eindeutig aus.

Strauß hatte eine starke Rückendeckung. Denn Konrad Adenauer misstraute inzwischen dem Schutz der Amerikaner. Der Start des Sputnik im Jahr 1957 schien ihm der letzte Beweis dafür, dass Russland inzwischen technologisch so weit vorangekommen war, dass die Zeit der nuklearen Überlegenheit Amerikas vorbei war. Zudem hielt Adenauer es nicht für richtig, dass nur zwei Großmächte allein im Besitz nuklearer Waffen waren und damit das Schicksal der Welt bestimmen konnten. Daher wollte er davon unabhängig werden und selbst Atomwaffen besitzen.[10] Aber das war Deutschland nach den Pariser Verträgen nicht erlaubt. Unterstützung bekam er von der französischen Regierung, die ebenfalls nicht mehr an die amerikanische Überlegenheit glaubte und ihm ein erstaunliches Angebot machte: Deutschland und Frankreich könnten zusammen mit Italien, das auch schon sein Interesse bekundet hätte, Atomwaffen entwickeln und produzieren – natürlich unter strikter Geheimhaltung. Dies versuchte Adenauer mit allen Mitteln und politischen Tricks schließlich doch unter Einbeziehung der Amerikaner unter dem Stichwort „nukleare Teilhabe" durchzusetzen, und er peitsche auch gegen jeden Widerstand die atomare Bewaffnung der Bundeswehr durch den Bundestag. Aber die atomaren Träume platzten, denn Frankreich schied als wichtigster Partner aus dem Bund aus, weil es sich mit Algerienkrise, Indochinakrieg und den Verhandlungen über die Europäische Verteidigungsgemeinschaft übernommen hatte und sich mitten in einer Staatskrise befand.

Vor diesem Hintergrund versuchte Strauß, sehr zum Missfallen des Auswärtigen Amtes, der Marine Atom-U-Boote zu bescheren. Aus den Papieren des Auswärtigen Amtes geht eindeutig hervor, dass das Verteidigungsministerium mit derartigen Plänen befasst war. Auch der „Küstenklatsch" von heute bestätigt dies, ohne Einzelheiten zu kennen – hier wabern eher Gerüchte. Allerdings sagen die Schiffbauexperten jener Zeit übereinstim-

Nuklear-Fracht- und Forschungsschiff OTTO HAHN 1968. (Archiv HDW/TKMS)

mend, dass es ein konkretes U-Boot-Projekt nicht gegeben habe und dass man technisch auch gar in der Lage gewesen sei, ein Atom-U-Boot zu bauen. HDW begann gerade mit den Planungen für den Bau der U-Boot Klasse 201 und beschäftigte sich intensiv mit Walter-Antrieben.[11] Und Prof. Dr. Fritz Abels, Geschäftsführer des IKL, sagte, dass das IKL „ein deutsches Atom-U-Boot nie zu Papier gebracht habe" ... „Das konnten wir auch nicht."[12] So habe das IKL auch in den 80er Jahren eine Anfrage aus Brasilien zur kompletten Konstruktion eines atomgetriebenen U-Boots abgelehnt. „Darin hatten wir keine Erfahrung."

Daneben gibt es abenteuerliche Spekulationen, dass der deutsche Atom-Frachter OTTO HAHN, mit dessen Planung die Gesellschaft für Kernenergieverwertung in Schiffbau und Schifffahrt mbH (GKSS) begonnen hatte und der 1968 von den Kieler Howaldtswerken abgeliefert wurde, nicht als Forschungsschiff für die friedliche Nutzung vorgesehen war, sondern als Versuchsträger für einen Reaktor, der in ein großes U-Boot eingebaut werden sollte. Angeblich sei nur aus diesem Grund das XXI-Boot U 2450 in der Ostsee gehoben und als WILHELM BAUER bei der Bundesmarine in Dienst gestellt worden. Für dieses Boot sei der Reaktor bestimmt gewesen. Vergleicht man allerdings die Höhe des Reaktors von etwa 15 Metern mit der Höhe des U-Bootes von nur etwas über 7 Metern, wird schnell deutlich, wie gewagt diese Behauptung ist. Und Spekulation ist auch die Behauptung, dass eben wegen des geheimen Zwecks des Schiffes ein ehemaliger U-Boot-Kommandant die OTTO HAHN als Kapitän geführt habe. Tatsächlich hatten sich nach dem Krieg viele ehemalige Marineoffiziere, darunter auch U-Boot-Kommandanten, in der zivilen Schifffahrt verdingt.

Die Entwicklung der OTTO HAHN hat das IKL, so Abels, „mit Interesse" betrachtet. Es hat sich selbst auch im Auftrag des Bundesverteidigungs-

OTTO HAHN: Einsetzen des Sicherheitsbehälters mit Reaktor bei HDW 1967. (Archiv HDW/TKMS)

ministerium mit Vergleichsstudien zu atomgetriebenen U-Booten beschäftigt[13] – allerdings, ohne dass tatsächlich baureife Konstruktionen beabsichtigt waren. Dazu fehlte dem IKL wie gesagt die Erfahrung. Deshalb ist es fraglich, dass das Schiff als Versuchsträger für ein Atom-U-Boot der deutschen Marine gebaut und betrieben werden sollte. Vielmehr ist es im Kontext mit den Atom-Frachtern SAVANNAH (USA 1962) und MUTSU (Japan 1970) zu sehen: Es ging damals in erster Linie um die zivile Nutzung der Kernenergie in der Handelsschifffahrt.

Deutsche Atom-U-Boote blieben Träumereien an Bonner Kaminen, die die Westmächte schnell beendeten. Und Fakt ist auch, dass aus Sicht der Schiffbauer mangels deutscher Erfahrung Entwicklung und Bau eines deutschen Atom-U-Boots viel zu lange gedauert und viel zu viel Geld gekostet hätten, einmal ganz abgesehen von den Problemen, die die Entsorgung des radioaktiven Mülls mit sich gebracht hätte. Sie setzten 1960 zunächst auf den Walter-Antrieb und endeten gut 20 Jahre später bei der Brennstoffzelle. Und daraus machten sie einen Welterfolg.

U-Boot-Klasse 206A – U23/S173: Eine bewährte und erfolgreiche U-Boot-Klasse. *(YPS Peter Neumann)*

U 16 in der Eckernförder Bucht. Die U-Boot-Klasse 206A war nicht nur in heimischen Gewässern, sondern ebenso im Mittelmeer, im Atlantik und auch in der Karibik zu sehen. (YPS Peter Neumann).

U-Boote „Made in Germany"

U-BOOT KLASSE 209: DER WEG IN DEN EXPORT

Heute fahren 20 Marinen in vier Kontinenten über 100 U-Boote, die in Deutschland entworfen und entweder in Deutschland gebaut oder mit deutscher Hilfe im Ausland gebaut worden sind. Die deutschen U-Boot-Werften sind konsequent in den Export gegangen, nachdem das erste U-Boot-Bauprogramm für die Bundesmarine in den 60er Jahren beendet war. Denn nachdem die Aufträge aus dem Inland ausblieben, weil die Bundesmarine inzwischen genug U-Boote besaß, gab es auf den Werften – besonders bei HDW in Kiel – erhebliche Probleme mit der Auslastung des U-Boot-Baus. Die modernen Anlagen, die gerade erst geschaffen waren, mussten weiterbeschäftigt werden. Auf der einen Seite hatten die Werften einen Stamm aus hochqualifizierten Mitarbeitern aufgebaut, die sie nicht verlieren wollten und auf der anderen Seite hatte auch die deutsche Marine ein großes Interesse daran, im eigenen Land Werften zu haben, auf denen sie ihre Boote warten, modernisieren und reparieren lassen konnte. Daher hatte auch die Bundesregierung keine Einwände gegen einen Export deutscher U-Boote, zumal er im Interesse der eigenen Marine lag. Allerdings hat sie sich stets die Zustimmung zu jedem Exportgeschäft vorbehalten. Bis heute kann nicht jeder Staat in Deutschland U-Boote ordern.

Für das Auslandsgeschäft war ein Partner schnell gefunden. Das in der Akquise von Aufträgen erfahrene Handelshaus Ferrostaal in Essen besaß ein weltweites Vertriebsnetz und konnte so die Vertragsverhandlungen mit den ausländischen Marinen, den Ministerien und den zuständigen Behörden koordinieren und unterstützen. Am Rande bemerkt: Ferrostaal hatte schon in den zwanziger Jahren für das IvS gearbeitet.

Die deutschen Werften stießen auf einen Markt, der günstig war. Die US Navy hatte sich aus dem Bau konventioneller dieselelektrischer U-Boote verabschiedet und setzte ganz und gar auf Atom-U-Boote. So gab es für die deutschen Entwürfe kaum eine Konkurrenz außer der britischen OBERON- und der französischen DAPHNE-Klasse. Beides waren jedoch lediglich Weiterentwicklungen von Weltkrieg II-Booten, die den modernen Neukonstruktionen des IKL unterlegen waren. Gerade die WEU-Beschränkungen für die neuen Boote der Bundesmarine hatten dafür gesorgt, dass das IKL gezwungen war, möglichst viel Leistung auf geringstem Raum unterzubringen. So waren Boote entstanden, die sich durch hohe Kampfkraft mit acht gleichzeitig feuerbereiten Torpedorohren, hohe Unterwasserausdauer und -geschwindigkeit und eine kleine Besatzung auszeichneten. Und es gab noch ein schlagendes Argument: Der Kaufpreis und die Betriebskosten waren im Vergleich zum Wettbewerb niedrig[1].

Den ersten großen Erfolg im Export erzielte die vom IKL aus der U-Boot Klasse 205 entwickelte Klasse 207, die für die norwegische Marine bestimmt war. Norwegen musste für die Verteidigung der wichtigen NATO-Nordflanke eine kleine, aber kampfkräftige U-Boot-Flotte unterhalten. Sie bestand Ende der fünfziger Jahre aus einem bunten Gemisch veralteter englischer und deutscher Weltkrieg II-Boote, die nun durch Neubauten ersetzt werden sollten. Die Hälfte der Anschaffungskosten übernahmen die USA.[2] Norwegen hatte sich für das IKL als Konstruktionsbüro entschieden, weil die kleinen neuen deutschen U-Boote im Verhältnis zu

„German Design": U 24 – Klasse 206A (links) der Deutschen Marine und UTHAUG – ULA-Klasse der norwegischen Marine. (YPS Peter Neumann)

ihrer Größe besonders leistungsfähig und allen vergleichbaren Klassen überlegen waren. Den Bauauftrag über 15 Boote erhielten die Rheinstahl Nordseewerke in Emden.

Die norwegischen Boote waren auf die besonderen Einsatzbedingungen vor der norwegischen Küste ausgerichtet. Die 500-Tonnen-Boote der KOBBEN-Klasse wurden daher nicht aus antimagnetischem Stahl gebaut, sondern aus einem hochfesten Sonderstahl – HY 80 –, der für größere Tauchtiefen geeignet ist. So konnten die Boote, wie Wikipedia behauptet[3], bis zu 180 Meter tief tauchen. Am 8. April 1964 stellte die norwegische Marine das erste Boot unter dem Namen KINN (S 316) in Dienst. Die 15 Boote die zwischen 1964 und 1967 ihren Dienst aufgenommen hatten, bewährten sich unter den schwiergen Wetterbedingungen im Nordatlantik so sehr, dass die norwegische Marine 1982 als Ersatz für die Klasse 207 sechs Boote der ULA-Klasse (eine Entwurfsvariante ähnlich der deutschen Klasse 210) bei den Nordseewerken in Emden bestellte.

Eine besondere Episode ist der Bau von U-Booten für Israel. Die israelische Marine hatte sich nach der Gründung des Staates Israel bemüht, in Westeuropa U-Boote zu beschaffen. Hier war Deutschland die erste Wahl.

So gab es schon seit den frühen fünfziger Jahren Kontakte zur deutschen Bundesmarine und besonders zu ihren erfahrenen U-Boot-Fahrern. Allerdings konnte Israel zu dieser Zeit schon aufgrund der dunklen deutschen Vergangenheit keine U-Boote in Deutschland bestellen. So kaufte die israelische Marine 1958 zwei gebrauchte 800-Tonnen-U-Boote der englischen S- und T-Klasse, die 1944 und 1946 gebaut und geringfügig modernisiert waren. Aber angesichts der schweren Bedrohungen, denen Israel ausgesetzt war, drängte die israelische Marine auf moderne U-Boote, und zwar aus Deutschland.

So entwickelte das IKL auf Basis der Klassen 205 und 207 die GAL-Klasse (Typ 540) mit 500 Tonnen Verdrängung. Diese tief tauchenden Boote aus magnetischem Stahl sollten auf Wunsch der israelischen Marine insbesondere mit modernen Waffen- und Führungssystemen ausgerüstet werden. Da ein Bau aus politischen Gründen in Deutschland noch immer nicht möglich war, vereinbarten Israel, die Bundesregierung und Großbritannien, dass der Bauauftrag an die englische Werft Vickers in Barrow-in-Furness gehen sollte. Zu diesem Zweck schlossen Vickers, HDW und das IKL im Juli 1971 einen Vertrag, der den Export von konventionellen U-Booten regelte. Daraus entstanden drei Boote: GAL, TANIN und

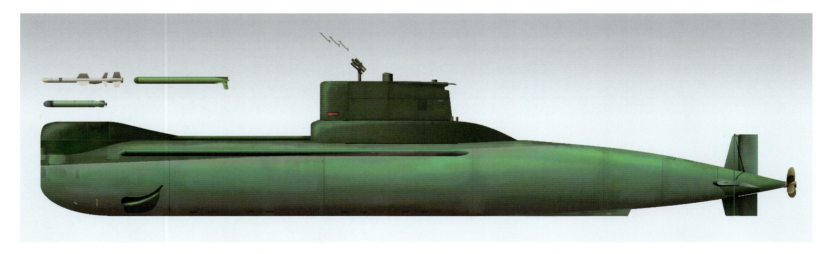

Die GAL-Klasse – Pate stand der deutsche Entwurf für die U-Boot-Klasse 206A.

RAHAV, die die israelische Marine 1976 und 1977 in Dienst stellte. Die Boote wurden zwischen 1997 und 2002 außer Dienst gestellt und durch die modernen Boote der DOLPHIN Klasse ersetzt. Das erste Boot, GAL, ist heute im Marinemuseum in Haifa zu besichtigen.

DIE U-BOOT KLASSE 209

Zum wahren Erfolgsmodell entwickelte sich die U-Boot-Klasse 209. Heute fahren über 60 Boote in 14 Marinen. Sie werden seit weit mehr als 40 Jahren gebaut. In dieser Zeit hat sich die Klasse gewandelt. Jede Marine, die Boote dieser Klasse bestellt, hat eigene, besondere Anforderungen, und im Lauf der Jahre haben sich die Technologien gewandelt. Daher sind im Lauf der Zeit sehr unterschiedlich ausgerüstete Boote entstanden, und jedes von ihnen ist bei seiner Ablieferung auf dem modernsten Stand der Technik.

Unverändert geblieben sind die Grundanforderungen an das U-Boot-Design: Dazu gehören die große Leistungsfähigkeit der Batterien und Motoren, die geringe Wahrscheinlichkeit, entdeckt zu werden, die hohe Unterwassergeschwindigkeit, die starke Bewaffnung mit acht Torpedorohren, Tauchtiefen bis zu 500 Metern, denkbar geringe Signaturen und große Ausdauer auf See. Die unterschiedlichen Anforderungen der Marinen führten zu verschiedenen Unterklassen mit unterschiedlicher Verdrängung. So haben wir heute die Klassen 209/1100, 209/1200, 209/1300, 209/1400, 209/1400mod und 209/1500. Die Bauliste ist stattlich:

- ▶ Argentinien 2 (209/1200),
- ▶ Brasilien 5 (209/1400),
- ▶ Chile 2 (209/1400),
- ▶ Ecuador 2 (209/1300),
- ▶ Griechenland 8 (209/1100 und 209/1200),
- ▶ Indien 4 (209/1500),
- ▶ Indonesien 2 (209/1300),
- ▶ Kolumbien 2 (209/1200),
- ▶ Peru 6 (209/1200),
- ▶ Portugal 2 (209PN),
- ▶ Südafrika 3 (209/1400 mod),
- ▶ Südkorea 9 Optionen (209/1200),
- ▶ Türkei 14 (209/1200 und 209/1400),
- ▶ Venezuela 2 (209/1300).

Aber der Anfang war schwer. Den Anstoß für die Entwicklung der neuen U-Boot-Klasse gab die Anfrage der peruanischen Marine nach U-Booten

Erfolgreiche HDW-Klasse 209: 1200-Tonnen-Boote für Argentinien (links) und Columbien (rechts). (Argentine Submarine Force / Colombian Flotilla)

Die Hellenic Navy war die erste, die U-Boote der Klasse 209 bei HDW bestellte. Ein Offizier der Bundesmarine erläutert das Boot anhand eines „Mock-up". (Foto: Archiv HDW)

mit einer Verdrängung von mindestens 800 Tonnen. In Zusammenarbeit mit den Kieler Howaldtswerken lieferte das IKL einen Entwurf für ein U-Boot von 900 bis 1000 Tonnen, der das Äußerste an Kampfkraft und Unterwasserausdauer darstellte, was zu der Zeit bei dieser Größe und konventionellem Antrieb möglich war. Allein 25 Prozent des Bootsgewichts waren für Höchstleistungsbatterien vorgesehen, die in Verbindung mit einem neuartigen großen Siemens-Motor eine damals für konventionelle U-Boote sensationelle Unterwassergeschwindigkeit von 22 Knoten über einen längeren Zeitraum ermöglichten – eine Geschwindigkeit, die damals nur von Atom-U-Booten erreicht wurde. Der Entwurf bot darüber hinaus die schon bei den bisherigen deutschen U-Booten erreichte Geräuscharmut, die der ausländischen Konkurrenz weit überlegen war.

Eigentlich zielte der Entwurf der Klasse 209 vor allem auf den interessanten südamerikanischen Markt ab. Denn die Marinen Südamerikas hatten gegen Ende des Zweiten Weltkriegs amerikanische U-Boote der FLEET-Klasse erhalten, die nun in die Tage gekommen waren und durch neue ersetzt werden sollten. Die USA schieden als Lieferanten aus, weil die amerikanische U-Boot-Industrie inzwischen ganz und gar auf Atom-U-Boote setzte und sich vom konventionellen U-Boot-Bau verabschiedet hatte. So blieben als starke und im U-Boot-Bau erfahrene Konkurrenz für die deutschen Werften besonders Frankreich und England mit ihren DAPHNE- und OBERON-Klassen. Gegen diese Klassen sollte sich der deutsche Entwurf durchsetzen. In einer breit angelegten Roadshow stellten daher das IKL und die Kieler Howaldtswerke den neuen Entwurf in Venezuela, Peru, Chile, Argentinien und Brasilien vor. Nur – die erhofften Aufträge blieben zunächst aus.

Tatsächlich wurde der erste Kunde die griechische Marine – auch sie im Zwang, alte amerikanische FLEET-Klasse-Boote zu ersetzen –, die nach langwierigen und zähen Verhandlungen die ersten deutschen Export-U-Boote bestellte. Am 22. Oktober 1967 unterzeichneten die Kieler Howaldtswerke und die griechische Regierung den Vertrag über den Bau von vier U-Booten der Klasse 209/1100, und 1971 konnte die griechische Marine das erste Boot GLAFKOS in Dienst stellen, nachdem die Kieler Werft bei diesem neuen Typ einiges Lehrgeld bei der Waffenintegration und der See-Erprobung zu zahlen hatte. Dennoch: Dieses Boot begründete den guten Ruf der Werft nicht nur bei der griechischen Marine, die 1975 eine weitere Vierer-Serie 209er bestellte, sondern auch bei anderen Marinen. Und dann kamen endlich die Bestellungen aus Südamerika: Den Beginn machte 1969 Argentinien. Und weitere Länder auf vier der fünf Kontinente folgten.

Mit ihnen wuchs die Zahl der Modifikationen. Beispiele: So erhielten die U-Boote der THOMSON-Klasse (209/1300) der Chilenischen Marine Notausstiegsluken im Torpedo- und Maschinenraum sowie im Mitteldeck. Außerdem erhielten sie höhere Periskope, Schnorchel etc. für Operationen unter schwierigen Seebedingungen. Die brasilianische TIKUNA-Klasse, ein modifizierter Typ 209/1400, wurde um 0,85 m verlängert. Zudem wurden verbesserte Diesel, andere Generatoren und Batterien sowie verbesserte Sensoren und Elektronik installiert. Oder die vier Boote der indischen SHISHUMAR-Klasse (209/1500): Sie wurden mit einer Rettungskapsel ausgestattet.

Im Lauf der Jahre gab es zahlreiche Verbesserungen an den Booten, die beispielsweise die Plattform-Technologie, die Führungs- und Waffeneinsatz-Systeme, die Konfiguration der Sensoren und der Bewaffnung umfassen. Weiter wurden die alten Saugdiesel durch turboaufgeladene Dieselmotoren ersetzt und die alten Kolben-Kompressoren wurden durch leisere Schraubenkompressoren ersetzt. Das verringerte die ohnehin schon sehr geringe Geräuschentwicklung der Boote erheblich. Das hat die Konstrukteure allerdings nie dazu verleitet, sich auf ihren Lorbeeren auszuruhen. Vielmehr sehen sie ständig es als ihre zentrale Aufgabe an, die Signaturen der Boote weiter zu verringern. Dabei haben sie Erstaunliches erreicht: Inzwischen geben die Boote weniger Energie an Geräuschen, Wärme oder Wasserdruck nach außen ab, als eine winzige LED. Damit sind die Boote perfekte Stealth-Schiffe.

Während auf den alten Versionen der Klasse 209 noch stand-alone-Geräte für die Waffen- und Sensor-Systeme zum Einsatz kamen, besitzen die modernen Boote vollständig integrierte Führungs- und Waffeneinsatz-Systeme (Command and Weapon Control System – CWCS) mit ausgefeilten Multifunktions-Konsolen (Multi-Function Common Consoles – MFCC), die es jedem Anwender ermöglichen, das gewünschte taktische Szenario auf seinem Bildschirm zu sehen. Weiter können auf dem MFCC auch digitale Bilder gezeigt werden, die fortschrittliche Periskope und der Zeiss-Optronic-Mast liefern. Darüber hinaus verringert der Optronic-Mast, der nicht durch den Druckkörper des Bootes geführt werden muss, das Entdeckungsrisiko und gibt gleichzeitig mehr Freiheit bei der Gestaltung der Operationszentrale (Combat Information Centre – CIC).

Inzwischen wurden neue akustische Sensoren, wie das Seitensonar (Flank Array Sonar) entwickelt. Zusammen mit optimierten anderen Sensoren, wie dem Entfernungsmess-Sonar und dem zylindrischen Hydrophon ist es gelungen, die Reichweite, in der Objekte entdeckt und eingeordnet werden können, beträchtlich zu steigern. Heute profitieren die Sensoren auch von optimierten durch Kohlefaserstoff verstärkten transparenten „Fenstern", die die alten Stahlstrukturen der Aufbauten ersetzt haben. Gegenüber ihren Vorgängern ist die heutige Klasse 209 mit der jüngsten Generation glasfasergelenkter Schwergewichts-Torpedos ausgestattet und kann auch Submarine-to-Surface Flugkörper verschießen. Und schließlich ist ein weiterer Vorteil die Integration von containerisierten Torpedo-Abwehr-Systemen in die Aufbauten der Boote. Diese von HDW entwickelten Systeme geben den Booten völlig neue Möglichkeiten, sich gegen Torpedo-Angriffe zu schützen.

KLASSE 209 AM BEISPIEL DER U-BOOTE 209/1400MOD DER SÜDAFRIKANISCHEN MARINE

Unter dem Namen „Blaupausen-Affäre" ist HDW Ende der achtziger Jahre in die Schlagzeilen geraten. Damals ging es um den unerlaubten Export von U-Boot-Plänen an das wegen seiner Apartheidpolitik verfemte und mit einem Waffenembargo, das die UNO verhängt hatte, belegte Südafrika. Tatsächlich hatten HDW und das IKL mit der südafrikanischen Marine Anfang der achtziger Jahre einen entsprechenden Vertrag geschlossen, nachdem ihnen aus dem Bundeskanzleramt bedeutet worden war, dass die CDU-geführte Bundesregierung ihre Zustimmung zu dem Geschäft gegeben habe. Daraus entwickelte sich Ende der achtziger Jahre ein politischer Skandal mit einem gewaltigen Rauschen im Blätterwald, da die Opposition versuchte, die Bundesregierung mit dieser Geschichte in Bedrängnis zu bringen. Sie machte daher HDW und das IKL zum Knüppel, mit der der Hund geschlagen werden sollte, und beide Unternehmen gerieten unter die Mahlsteine der Politik. Erst ein Urteil des Kieler Oberlandesgerichts, das HDW und das IKL Anfang der neunziger Jahre freisprach, beendete die Affäre.

Zehn Jahre später bestellte im Jahr 2000 die südafrikanische Marine unter der neuen Führung Südafrikas drei U-Boote der Klasse 209, die von HDW als Konsortialführer und den Thyssen Nordseewerken gebaut werden sollten. Das erste Boot, SAS MANTHATISI – S 101, stellte die südafrikanische Marine in Kiel am 11. November 2005 bei strahlendem Sonnenschein in Dienst und am 18. Februar 2006 machte sich das Boot nach dem erfolgreichen Abschluss aller Erprobungsfahrten und der Ausbildung der Besatzung an dem für sie neuen U-Boot-Typ auf den Weg nach Südafrika.

Die diesel-elektrischen Boote der südafrikanischen Marine stellen die modernste Variante der Klasse 209 dar. Eine ausführliche Beschreibung stammt aus der Feder des sehr sachkundigen Hans Karr. Er beschrieb die Boote 2005 im „marineforum" [4]:

SCHIFFSCHARAKTERISTIK UND TECHNISCHE DATEN

Die Einhüllen-Boote der Klasse 209/1400mod verdrängen bei einer Länge von 62 Metern und einem Druckkörperdurchmesser von 6,2 Metern aufgetaucht 1.454 Tonnen und getaucht 1.586 Tonnen. Ihre Tauchtiefe beträgt mehr als 200 Meter. Wie bei allen Booten der Klasse 209 wurde auch hier alles getan, um die Signaturen extrem gering zu halten und die Möglichkeit, das Boot zu entdecken, so schwer wie möglich zu machen. Alle geräuscherzeugenden Ausrüstungen und Aggregate sind schwingungsgedämpft gelagert. Die Aufbauten des Bootes bestehen inzwischen aus Kunststoff, der eine besonders verwirbelungsfreie und strömungsoptimierte Form zulässt. Das erschwert die Entdeckung der Boote zusätzlich. Die Besatzungsstärke ist gering. Sie beträgt nur 30 Mann mit zusätzlichen Unterbringungsmöglichkeiten für fünf weitere Personen. Damit ist sie um 21 Personen geringer als bei den halb so großen französischen Booten der DAPHNE-Klasse. Der Grund: Die deutschen Boote können wegen des Einsatzes moderner Technologien und Elektronik weitgehend automatisiert fahren. Die Boote haben eine Seeausdauer von bis zu 50 Tagen.

Die Energieerzeugung stellen an Bord vier MTU-Diesel vom Typ 12V 396 SE84 mit einer maximalen Leistung von je 1.250 kW über Generatoren sicher. Der Siemens-Elektromotor bezieht seine Energie aus den Fahrbatterien, die sich in zwei Batterieräumen im Vorschiff unter dem Mannschaftsraum und im Hinterschiff unter dem Dieselmaschinenraum befinden. Für den Vortrieb des Bootes sorgt ein geräuscharmer, mit sieben säbelförmigen Flügeln versehenen skew-back Propeller. Damit erreicht das Boot unter Wasser eine Höchstgeschwindigkeit von mehr als 20 Knoten. Über Wasser bzw. im Schnorchelbetrieb können dagegen nur 10 Knoten gelaufen werden. Die maximale Reichweite der Klasse 209/1400mod beträgt 11.000 Seemeilen.

BEWAFFNUNG UND AUSRÜSTUNG

Acht 533 mm Bugtorpedorohre bilden die Hauptbewaffnung des Bootes. Insgesamt können 14 Torpedos an Bord genommen werden, wovon die sechs Reservetorpedos im Bugraum lagern. Alternativ oder in Mischbeladung ist auch die Mitnahme von Minen möglich. Zur Zeit nicht beabsichtigt, aber in der Nachrüstung problemlos möglich, wäre eine Ausstattung mit Flugkörpern.

Zur Torpedoabwehr ist im Vorschiffsbereich zwischen Druckkörper und Außenverkleidung das System CIRCE (Containerised Integrated Reaction Contermeasures Effectors) eingerüstet, das in Kooperation von HDW und dem italienischen Unternehmen Whitehead Alenia Sistemi Subacquei (WASS) entwickelt wurde. Es besteht aus vier ausklappbaren Startcontainern mit jeweils 10 Effektoren, die nach Ausstoß mit Hilfe integrierter Stör- und Täuschfunktionen als mobile oder stationäre Täuschkörper anlaufende Torpedos vom eigentlichen Ziel ablenken (Softkill-Prinzip). Die Sonaranlagen des U-Boots erfassen angreifende Torpedos und und aktivieren das System.

Als Führungs- und Waffeneinsatzsystem kommt die integrierte Anlage ISUS 90 (Integrated Sensor Underwater System) von Atlas Elektronik zum Einsatz. Alle Sensoren und der Navigationsbereich sind über einen Hochleistungsdatenbus mit der zentralen Rechnereinrichtung miteinander verbunden. Die erfassten Daten werden aufgenommen, klassifiziert und an Mehrzweckkonsolen ausgewertet. Von hier aus erfolgen der Waffeneinsatz sowie die externe und interne Kommunikation.

Das CSU 90 (Compact Sonar U-Boote) fasst alle Sonaranlagen zusammen, deren Frequenzspektrum den Bereich von 10 Hz bis hin zu 100 kHz abdeckt. Im Einzelnen sind in der Anlage enthalten und integriert: eine zylindrische Kreisbasis im Bugbereich, ein Passive

Ranging Sonar, ein Intercept Sonar und ein Flank Array Sonar sowie eine Eigengeräuschmessanlage. Optional könnte die Anlage durch ein Towed Array Sonar und ein Minenmeidesonar erweitert werden.

Die südafrikanischen U-Boote sind die ersten Boote aus der 209-Serie, die mit einem Optronik-Mast ausgerüstet werden. Zum Einbau kommt OMS-100 (Optronic Mast System) der Firma Zeiss. Die Hauptvorteile dieses Sensors sind der schnelle Rundumblick und dessen Aufzeichnung auf Video sowie seine Infrarotsensorik, die insbesondere bei schlechten Sichtverhältnissen von großem Nutzen ist. Zudem erspart die integrierte ESM-Antenne den Einbau eines weiteren Ausfahrgerätes. Da der Mast nur kurz an die Oberfläche ausgefahren werden muss, reduziert sich auch seine Entdeckungswahrscheinlichkeit. Zeiss liefert auch das Angriffssehrohr SERO 400 mit optischem Entfernungsmesser, Restlichtverstärker, TV-Kamera und ESM-Warnempfänger.

Die Klasse 209/1400 mod ist mit sicheren und präzisen Navigationssystemen ausgestattet. Vorhanden sind unter anderem ein Thomson Scanter Navigationsradar, Doppler-Log und drei GPS-Antennen, deren Nutzung auf Sehrohrtiefe möglich ist. Alle internen und externen Navigationsdaten werden in einem Data Management System integriert verarbeitet.

Zur externen Kommunikation stehen HF, VHF, UHF, INMARSAT-C, UHF-SATCOM und ein Data Link System zur Verfügung.

Ein stolzer Augenblick für die südafrikanische Marine. Die Flagge Südafrikas wird bei der Indienststellung von SAS MANATHATSI am 11. November 2005 bei HDW gehißt. (YPS Peter Neumann)

HDW-KLASSE 209/1400 MOD

Der zweite 209er für Südafrika: QUEEN MODJADJI – S103/HDW-Klasse 209/1400mod. (YPS Peter Neumann)

SCHIFFSDATEN

Länge:	ca. 62.0 m
Höhe inkl. Turm:	ca. 12,5 m
Durchmesser Druckkörper	ca. 6,2 m
Tiefgang:	ca. 5,5 m
Verdrängung, aufgetaucht:	1.454 t
Verdrängung, getaucht:	1.586 t
Druckkörper:	ferromagnetischer Stahl
Tauchtiefe:	über 200 m
Besatzung:	30 + 5
Einsatzdauer:	50 Tage

ANTRIEB

4 Dieselgeneratoren

Gleichstrom-Antriebsmotor

Höchstgeschwindigkeit, aufgetaucht:	ca. 10 kn
Höchstgeschwindigkeit, getaucht:	über 20 kn
Reichweite, gesamt:	11.000 sm
Reichweite, unter Wasser:	400 sm

BEWAFFNUNG

8 Torpedorohre

Schwergewichtstorpedos

INTEGRIERTES SONAR-SYSTEM

Zylindrisches Hydrophon

Passives Entfernungsmess-Sonar

Intercept Sonar, Flank Array-Sonar, Schleppsonar, Minen-Vermeide Sonar

INTEGRIERTES RADIO-KOMMUNIKATIONS-SYSTEM

HF, VHF, UHF, VFL

INMARSAT-C

UHF-SATCOM

GMDSS

NAVIGATIONS-SYSTEM

Trägheits-Navigationssytem

Attitude and heading reference system (AHRS)

Elektromagnetisches Log

Navigationsradar

Echolot, GPS

Abschied von HDW mit Kurs Südafrika: S103 – QUEEN MODJADJI der South African Navy. HDW-Klasse 209/1400mod. (YPS Peter Neumann)

DAS BRENNSTOFFZELLEN-PLUG-IN:
MODERNISIERUNG DER KLASSE 209 MIT AIP

Nachdem der außenluftunabhängige Brennstoffzellen-Antrieb (AIP – Air Independent Propulsion), der zum ersten Mal in der Klasse 212A eingesetzt wurde, den U-Boot-Bau revolutioniert hatte, kam natürlich der Wunsch auf, ältere konventionelle U-Boote damit nachzurüsten. So hat HDW für die Klasse 209 ein Brennstoffzellen-Plug-In entwickelt, das nachträglich in das Boot eingesetzt werden kann. Es enthält das gesamte Brennstoffzellensystem und auch den Tank für den flüssigen Sauerstoff. Die Zylinder, in denen der Wasserstoff gespeichert wird, erhalten jedoch ihren Platz längsseits des Kiels unterhalb des Druckkörpers. Sie dienen als Ballast für das Brennstoffzellen-Plug-In und haben damit einen positiven Einfluss auf die Stabilität des Bootes.

Da ein U-Boot in Sektionen konstruiert und auch sektionsweise gebaut wird, kann sein Druckkörper aufgeschnitten und um eine Durchmesserlänge oder weniger verlängert werden. Diese Prozedur ist wegen des modularen Aufbaus der Boote und des Brennstoffzellensystems unproblematisch. Nach Abschluss des Umbaus gibt es keine größeren Abweichungen vom ursprünglichen Verhalten des Bootes. Auch muss kein Untersystem, das sich bereits an Bord befindet, notwendigerweise ausgetauscht oder wesentlich in seiner Leistungsfähigkeit eingeschränkt werden. Ebensowenig bedeutet der Umbau eine Vergrößerung der Besatzungsstärke, da das Brennstoffzellensystem vollautomatisch funktioniert.[5]

Mit dem Einbau eines Brennstoffzellen-Plug-In vergrößert sich die Reichweite für Unterwasserfahrt etwa um das Vier- bis Fünffache. Wieder war es die griechischen Marine, die diese Option als erste Marine der Welt ergriff. Sie beauftragte im Jahr 2002 HDW, ihre Boote der Klasse 209/1200 im Rahmen des Programms NEPTUNE II mit Brennstoffzellen nachzurüsten.[6] Das ist bisher bei vier Booten geschehen. Die Nachrüstung der weiteren Einheiten ist allerdings der griechischen Finanzkrise zum Opfer gefallen.

AUS DER KLASSE 209 ENTWICKELT:
KLASSE 800 –
DOLPHIN-U-BOOTE FÜR DIE ISRAELISCHE MARINE

Als absehbar war, dass sich ihre GAL-Boote dem Ende ihrer Dienstzeit näherten, sah sich die israelische Marine nach Nachfolgern für GAL, TANIN und RAHAV um. Die Wahl fiel Ende der achtziger Jahre wieder auf Deutschland. Unter der Federführung von HDW hatten die Thyssen Nordseewerke und HDW eine Arbeitsgemeinschaft gegründet, um die Boote gemeinsam zu bauen. Die Boote sollten ursprünglich mit amerikanischer Militärhilfe finanziert werden, die allerdings 1990 gestoppt wurde. Als sich jedoch nach dem zweiten Golf-Krieg herausstellte, dass Israel mit Scud-Raketen beschossen wurde, die mit deutscher Hilfe ausgerüstet waren, übernahm 1991 die Bundesrepublik quasi als Wiedergutmachung die Kosten für zwei Boote. Ein weiteres Boot wurde 1994 nachgeordert und je zur Hälfte von Israel und Deutschland bezahlt. So wurden DOLPHIN, LEVIATHAN und

Links: Um die Leistungsfähigkeit des neuartigen Brennstoffzellen-Antriebes zu testen und zu demonstrieren, baute HDW ein U-Boot der Klasse 205 (U 1) um. Die Zylinder, in denen der Wasserstoff gespeichert wird, sind hier gut zu erkennen. (Foto: Archiv HDW)

TEKUMA in Kiel und Emden noch mit konventionellem dieselelektrischem Antrieb gebaut und zwischen 1999 und 2000 in Dienst gestellt.

Weitere drei Boote hat Israel 2011 wieder mit deutscher Ko-Finanzierung bestellt – übrigens die größten U-Boote, die TKMS bisher gebaut hat. Sie sind eine Weiterentwicklung der DOLPHIN-Klasse, die nun mit demBrennstoffzellen-Antrieb ausgerüstet ist. Davon wurde das erste Boot – TANIN – im Juni 2014 in Dienst gestellt, das zweite – RAHAV – soll noch 2015 an die israelische Marine abgeliefert werden. Das dritte bisher namenlose Boot befindet sich noch im Bau und wird voraussichtlich 2017 in Dienst gestellt werden.

Die Konstruktion der ersten drei Boote basiert auf der Klasse 209, ist aber eine Weiterentwicklung, die stark von den Wünschen und Bedürfnissen der israelischen Marine beeinflusst wurde – die Klasse 800. So gehören sie nicht mehr zur „Familie" der 209er. Sie sind stark modifiziert und mit 1.604 Tonnen auch erheblich voluminöser. Die drei Boote des zweiten Auftrags ähneln stark den Klasse 212A und 214, sind mit ca. 2.050 t Verdrängung jedoch deutlich größer und haben eine größere Besatzung. U-Boot-Experten zählen die Boote zu den technisch anspruchsvollsten und leistungsfähigsten nicht-nuklearen U-Booten der Welt.

Die technischen Daten und die Einrichtung der Boote sind streng geheim. Allerdings findet sich in der Fachpresse eine Reihe von Angaben, die zum Teil spekulativ sind oder zumindest weder von der Bauwerft noch von der israelischen Marine bestätigt werden. Sie lassen aber darauf schließen, wie die Boote ausgerüstet sind. Die ersten drei dieselelektrisch angetriebenen Boote verdrängen aufgetaucht 1.640 Tonnen bei einer Länge von rund 57 Metern. Für die konventionellen diesel-elektrischen Boote macht die Fachpresse folgende Angaben[7]: Der Durchmesser des Druckkörpers beträgt 6,8 Meter, und der Tiefgang liegt bei 6,2 Metern. Angetrieben werden die Boote von drei MTU-16V 396 SE 84 Dieselmotoren und drei Generatoren mit einer Leistung von je 750 kW. Der Siemens Elektro-Motor mit einer Leistung von 2,85 MW, der den Propeller antreibt, gibt dem Boot unter Wasser eine Geschwindigkeit von über 20 Knoten. Die Reichweite beträgt aufgetaucht etwa 8.000 Seemeilen bei einer Geschwindigkeit von 8 Knoten und getaucht über 400 Seemeilen bei ebenfalls 8 Knoten. Die Spekulationen über die maximale Tauchtiefe liegen zwischen 300 und 350 Metern. Das Boot kann deutlich über 30 Tage auf See bleiben.

Auch auf den DOLPHIN-Booten kommt das Führungs- und Waffeneinsatzsystem ISUS 90 von Atlas Elektronik zum Einsatz. Bremer Elektronik findet sich ebenso bei den Sonar-Systemen. Das Elta surface search radar stammt dagegen aus Israel.

Die U-Boote sind außerordentlich stark bewaffnet. Sie besitzen sogar zehn Torpedorohre im Bug, von denen sechs einen Durchmesser von 533 und vier einen Durchmesser von 650 Millimetern haben. Nach offiziellen Angaben sollen aus den Rohren moderne Torpedos verschiedener Typen gestartet und Minen gelegt werden können. Sie können 16 Torpedos oder Flugkörper mit sich führen, denn sie sind mit Ausstoßvorrichtungen versehen, um Schiff-Schiff-Flugkörper (Harpoon) auszustoßen. Die Boote haben die Aufgabe, Angriffe abzuwehren,

Der Namensgeber der HDW-Klasse 800: DOLPHIN bei der See-Erprobung auf der Ostsee. (YPS Peter Neumann)

ihr Einsatzgebiet zu überwachen und spezielle Operationen auszuführen.

Die U-Boote der Klasse DOLPHIN II sind bedeutend größer und praktisch eine völlige Neukonstruktion, die mit den Vorgängerbooten fast nur noch den Namen gemein hat. Abgesehen davon, dass sie nun einen Brennstoffzellen-Antrieb besitzen, sind ihre Dimensionen gegenüber ihren Vorgängern deutlich gewachsen. So beträgt die Verdrängung über Wasser 2.050 t und getaucht 2.400 t. Wie bei ihren Vorgängern betragen der Durchmesser des Druckkörpers 6,8 Meter und der Tiefgang 6,2 Meter. Ebenso besitzen auch die zweiten DOLPHINs 10 Torpedorohre – sechs mit einem Durchmesser von 53,3 cm und vier mit einem Durchmesser von 65 cm. Und so wird auch ihre Bewaffnung mit Torpedos und Marschflugkörpern die gleiche, wie bei ihren Vorgängern sein. Die Besatzungsstärke beträgt 35 Mann, zu denen weitere zehn kommen können. Die Geschwindigkeit unter Wasser wird in verschiedenen Internet-Quellen mit mindestens 25 Knoten angegeben, und die Tauchtiefe soll mindestens 350 Meter betragen. Werft und israelische Marine schweigen sich wie üblich aus.

Die Diskussion um die Bewaffnung der DOLPHIN-Boote hat sich an den vier Torpedorohren mit 650 Millimeter Durchmesser entzündet. Daraus hat sich international eine breite Debatte in der Tages- und der Fachpresse entwickelt, die hier nicht in aller Ausführlichkeit wiederholt werden soll. Die Fachwelt geht mehrheitlich davon aus, dass Israel Marschflugkörper entwickelt hat, die nukleare Sprengköpfe tragen können. Dazu sollen die Boote in Israel angeblich nachträglich für diese Waffe eingerichtet worden sein, die aus den großen Torpedorohren abgefeuert werden können. Diese Möglichkeit, so die Spekulationen, würde Israel die Option des nuklearen Zweitschlages geben mit dem Ziel, potentielle Aggressoren, insbesondere den Iran, abzuschrecken.

Aus Israel gibt es dazu weder offizielle Dementis noch Bestätigungen. Bisher ist es allerdings noch niemandem gelungen, einen handfesten Beweis für die Annahmen zu präsentieren. Es spricht vieles dafür, dass Israels Politik und Militär das Gerücht über die angeblichen Fähigkeiten der neuen israelischen U-Boote bewusst in die Welt gesetzt haben, um die Feinde des Landes in Furcht und Schrecken zu versetzen. Denn die erste Meldung in der israelischen Presse berief sich im Sommer 1999 auf ein Friedensinstitut in Haifa. Damals hieß es noch, dass die DOLPHINs aus den großen Torpedorohren Harpoon-Raketen mit Atomsprengköpfen abfeuern könnten. Die Vermutung liegt nahe, dass der israelische Geheimdienst die Friedensforscher mit dieser Information gespickt hat. Kurz darauf berichtete die Los Angeles Times unter Berufung auf ungenannte Augenzeugen, dass ein DOLPHIN-Boot im Indischen Ozean den Abschuss von Marschflugkörpern getestet haben soll. Nur: Zum angeblichen Zeitpunkt lagen die Boote brav im Hafen von Haifa, wie Augenzeugen berichteten.

Professor Joachim Krause, der Direktor des Instituts für Sicherheitspolitik an der Universität Kiel, kommt zu dem Schluss, „dass diese U-Boote im Nebenjob noch als nuklear-strategische Angriffskräfte gegen eine mögliche iranische Kernwaffenbedrohung dienen, ist völlig abwegig und gehört ins Reich der Fantasie."[8] Denn die DOLPHIN-Boote seien so ausgelegt, dass sie zwar Marschflugkörper starten könnten, allerdings nur solche von geringem Gewicht und Reichweite, die allenfalls für die Bekämpfung von See- oder Landzielen in unmittelbarer Küstennähe geeignet seien. Tatsächlich verfüge Israel aber mit der landgestützten Jericho-Rakete über bessere Möglichkeiten der Verteidigung.

RAHAV – ein U-Boot der DOLPHIN-Klasse aus dem 2. Los: DOLPHIN AIP. Diese Boote besitzen einen Brennstoffzellen-Antrieb und sind größer als die ersten drei Boote der Klasse. (YPS Peter Neumann)

Die zweite deutsche Revolution im U-Boot-Bau: Die Brennstoffzelle

7. April 2003: Kaiserwetter. Der Seewetterbericht für die westliche Ostsee meldete Ost bis Südost 5-6 Bft. und gute Sicht. Die Sonne strahlte von einem tiefblauen Himmel über Kiel und über die große Schar von Gästen, die sich am frühen Morgen auf dem Werftgelände der Howaldtswerke-Deutsche Werft AG vor dem U-Boot-Begleitschiff PEGASUS versammelt hatte. Sie alle sollten die erste Erprobungsfahrt von U 31, dem ersten U-Boot der Welt mit Brennstoffzellenantrieb, auf der Ostsee vor Kiel miterleben. Das Interesse der Tages- und Fachpresse war riesig, denn das U-Boot der HDW-Klasse 212A war eine Sensation – national wie international. Schon 1994, als das Bundesamt für Wehrtechnik und Beschaffung den Auftrag zum Bau von vier Booten der neuen U-Boot-Klasse an die ARGE U212, die HDW anführte, vergeben hatte, erregte die Meldung weltweites Interesse – und nicht nur in Fachkreisen. Die *New York Times* ließ es damals sich nehmen, die Sensation mit der Titelzeile „The Boat is Back Again" zu verkünden.[1]

Doch der Weg bis zur ersten Testfahrt des Bootes war lang. Er begann schon in den Sechzigerjahren. Damals ging es um Überlegungen für einen außenluftunabhängigen U-Boot-Antrieb, der künftig auf den Nachfolgebooten der Bundesmarine eingesetzt werden sollte. Er war einfach ein Muss. Denn bereits im Zweiten Weltkrieg hatte sich gezeigt, dass der konventionelle dieselelektrische Antrieb von U-Booten, der nur vergleichsweise geringe Tauchzeiten von wenigen Tagen erlaubte, angesichts der modernen Methoden der U-Boot-Seefahrt nicht mehr ausreiche.

So hatte bereits die Kriegsmarine mit zwei Antriebstechniken experimentiert: Der Walter-Turbine und dem Kreislaufdiesel. Beide erreichen jedoch die Serienreife nicht. Versuchsboote mit dem genialen Walter-Antrieb erreichten zwar für ihre Zeit erstaunliche Unterwassergeschwindigkeiten, aber es gelang nicht, einen problemlosen Dauerbetrieb sicherzustellen. Das schaffte auch die Royal Navy nicht, die sich nach Kriegsende der Technik bemächtigte. Sie hatte mit ihren erbeuteten Walter-U-Booten nur Pech. Schließlich baute sie, wie früher schon beschrieben, Mitte der Fünfzigerjahre zwei eigene U-Boote mit Walter-Antrieb. Jedoch kam es auf ihnen immer wieder zu Explosionen und anderen Schäden an der Antriebsanlage, so dass die Royal Navy das Programm frustriert aufgab. Ähnlich ging es der sowjetischen Marine mit einem eigenen Testboot. So wurden alle Versuchsboote sang- und klanglos wieder außer Dienst gestellt. Und mit der Einführung des Atomreaktors durch die USA in die U-Boot-Welt, der sich alle großen Seemächte nach und nach anschlossen, geriet der Walter-Antrieb zunächst außer Diskussion.

Ein ähnliches Schicksal erlitt der Kreislaufdiesel. Da der voluminöse Atom-Antrieb sich nur für große U-Boote eignete, machte Schweden den Versuch, das Kreislaufdiesel-Prinzip weiterzuentwickeln. Die Erprobung in einer Landtest-Anlage mit einem 1.500-PS-Diesel verlief so erfolgreich, dass die schwedische Marine beschloss, sechs U-Boote für diesen Antrieb umzubauen. Doch Anfang der Sechzigerjahre gab sie diesen Plan plötzlich auf und kehrte zum konventionellen Antrieb zurück, obwohl die

Die erste Fahrt mit Brennstoffzelle von U31 am 7. April 2003 – eine Sensation.

(YPS Peter Neumann)

ersten Boote bereits aufgeschnitten waren. Denn inzwischen geriet die Brennstoffzelle ins Visier der Entwickler. Und der gaben zwar damals die Schweden auf lange Sicht größere Chancen,[2] setzten dann aber auf den bereits in Erprobung befindlichen Stirling-Motor. Denn die Brennstoffzelle für Schiffsantriebe war zu der Zeit noch mehr Idee als Realität. Sie hatte noch einen weiten Weg bis zum Einsatz auf einem U-Boot vor sich.

So war die Brennstoffzelle als künftiger U-Boot-Antrieb für die Bundesmarine bei ihren Überlegungen über die nächste U-Boot-Generation noch längst keine ausgemachte Sache. Und für die Werften auch nicht. Sicher war nur, dass ein außenluftunabhängiger Antrieb in Zukunft unverzichtbar war.

Auch der künftige U-Boot-Typ stand zur Diskussion. Anfang der Sechzigerjahre ging die Marine von sechs Jagd-U-Booten aus, die hohe Unterwasser-Geschwindigkeiten erreichen und einen hinreichend großen Aktionsradius haben sollten. Geplant war, sie in der Nordsee und im Nordatlantik einzusetzen. Und natürlich stand die Frage des künftigen U-Boot-Antriebes zur Debatte. So erhielt das IKL den Auftrag, nicht nur den Walter-Antrieb und den Kreislaufdiesel zu untersuchen, sondern auch – nur zum Vergleich – den Einsatz von Atom-Reaktoren zu prüfen. Die Studien zu den Projekten IK 20 und IK 24 sahen den Einsatz eines Babcock-Reaktors beziehungsweise eines MAN-Wahodag-Reaktors vor.[3] Dies waren allerdings nur Sandkastenspiele, denn ein echtes Schiffbauprojekt, einen fertigen U-Boot-Entwurf hat das IKL nie angefertigt.[4] Das hätten, wie früher schon beschrieben, die westlichen NATO-Verbündeten nicht zugelassen, einmal ganz abgesehen davon, dass es der Bundesrepublik damals ohnehin verboten war, solche Boote zu bauen. Und schließlich hätten die Entwicklung und der Bau eines deutschen Atom-U-Bootes nach Einschätzung der Schiffbauer viel zu lange gedauert.

Aber auch technisch war der Nuklearantrieb für den Einsatz der kleinen Boote der Bundesmarine in Flachwassergebieten ungeeignet. Ulrich Gabler schreibt aus damaliger Sicht[5], dass allein das Gewicht des Systems es eher für U-Boote mit einer Verdrängung von mehreren tausend Tonnen geeignet mache, die nur auf hoher See eingesetzt werden könnten. Und ein besonderes Problem sei der Geräuschpegel der Nuklearboote: Der Bootskörper erzeugt bei den hohen Geschwindigkeiten der Boote Lärm, ebenso die Schraube und schließlich der Reaktor mit allen seinen Pumpen und Generatoren.

So erlebte der Walter-Antrieb eine Renaissance, wenn auch nur eine kurze. Hellmuth Walter, der dem Verteidigungsministerium eine verbesserte Version seines Antriebs unter der Bezeichnung „Walter-Austauschverfahren" vorgeschlagen hatte, erhielt 1960 den Auftrag, eine 3000 PS-Anlage zu bauen und zu erproben. 1965/66 konnte die Firma Walter dem Bundesamt für Wehrtechnik und Beschaffung (BWB) auf dem Prüfstand die verbesserte Version vorführen und ihre Leistungsfähigkeit nachweisen.

Auch die U-Boot-Werften waren begeistert. So heißt es in einem Prospekt der Kieler Howaldtswerke aus dem Jahr 1965:

„Die Kieler Howaldtswerke AG bieten eine umfangreiche Auswahl [Anm.: an U-Booten] an, beginnend mit dem kleinen 90 t-Boot bis hin zum 1.000 t-Boot. Neben dem heute üblichen hochentwickelten dieselelektrischen Antrieb möchten wir auf die äußerst interessante Lösung des „Walterantriebes" hinweisen, der während des Zweiten Weltkriegs für Boote mit extrem hoher Unterwasserleistung entwickelt wurde. Dies betrifft eine Antriebmaschine, die ohne atmosphärischen Sauerstoff arbeitet und dabei hochkonzentriertes Wasserstoffperoxid nutzt – eine Gas/Dampf-Mischung zum Antrieb der Turbinen."[6]

Doch bei der Versuchsanlage blieb es. Zwar hatte das IKL parallel zu der Entwicklungsarbeit Walters Entwürfe für ein Versuchsboot der Klasse 204 zusammen mit der Firma Walter gefertigt (IK 13), allerdings zeigte sich, dass die Anlage bei kleineren Geschwindigkeiten nicht geräuscharm genug war. Und an sehr hohen Unterwassergeschwindigkeiten hatte die Bundesmarine nur geringes Interesse.[7] Das Boot wurde daher nie gebaut und der Walter-Antrieb nicht weiter verfolgt.

Stattdessen konzentrierten sich die Arbeiten des IKL im Jahr 1966 jetzt auf Studien für die außenluftunabhängigen Antriebe (AIP – Air Independent Propulsion) der sechs Jagd-U-Boote, die die Bezeichnung „Klasse 208" erhielten. Im Zentrum der Untersuchungen standen der Walter-Antrieb, der Kreislaufdiesel, der Stirling Motor und die Brennstoffzelle.

EXKURS: AUSSENLUFTUNABHÄNGIGE ANTRIEBE
DAS WALTER-VERFAHREN[8]

Grundlage des Systems ist eine Gasturbine, die als Energieträger Diesel und als Sauerstoffträger Wasserstoffperoxid (H_2O_2) nutzt. Walter begann die ersten Untersuchungen Anfang der Dreißigerjahre und gründete 1935 sein eigenes Ingenieurbüro. 1936 zeigte eine Testanlage auf der Krupp Germaniawerft, dass seine grundlegenden Überlegungen richtig waren. Denn die Turbine leistete 4.000 PS. Dies führte zum Bau des ersten Versuchsbootes V 80, das in der Ostsee Geschwindigkeiten von bis zu 28 Knoten erreichte.

Die ersten Überlegungen für die Turbinenanlage gingen von dem sogenannten „Kalten Verfahren" aus. Dabei wird Wasserstoffperoxid aus feinen Düsen auf einen Katalysator aus Mangandioxid (Braunstein) gesprüht. Das dabei entstehende, unter hohem Druck stehende Dampf-Sauerstoff-Gemisch, das eine Temperatur von etwa 6.500 Grad Celsius erreicht, treibt die Turbine an. Anschließend wird das Gemisch nach außen in die See geleitet. Dort bildet der Sauerstoff allerdings eine verräterische Bläschenspur, die das Boot entdeckbar macht.

Die weiteren Überlegungen führten zu dem sogenannten „Heißen Verfahren", das in der Versuchsanlage von 1936 verwirklicht wurde. Die Anlage besteht aus einem Zersetzer oder Reaktor und einer nachgeschalteten Brennkammer, einem Abscheider und einer Dampfturbine. In dem Zersetzer befindet sich der Katalysator aus Kaliumpermanganat oder Manganoxid (Braustein), über den mehrere Düsen Wasserstoffperoxid spritzen, das sich in seine Bestandteile Wasserdampf und Sauerstoff zerlegt. Dieses Gemisch wird in die Brennkammer geleitet und mit fein zerstäubtem Brennstoff (Dieselöl) zu einer etwa 2.000 Grad heißen Flamme entzündet. Um zu verhindern, dass die Brennkammer bei dieser extrem hohen Temperatur durchbrennt, wird sie mit Wasser gekühlt, das über feine Düsen dem heißen Gasstrom zugesetzt wird. Das ermöglicht eine enorme Dampferzeugung, die zu den sehr hohen Leistungen der Turbine führte. Weil der Abrieb aus dem Katalysator zunächst die Turbinenschaufeln beschädigte, wurde zwischen Brennkammer und Turbine ein Abscheider eingesetzt. Schließlich wurde der Dampfaustritt der Turbine mit einem Kondensator verbunden. Dadurch wurde der Wirkungsgrad der Turbine gesteigert und zugleich kostbares destilliertes Wasser zurückgewonnen. Das verbleibende CO_2 wurde mit einem Verdichter außenbords gedrückt und löste sich im Seewasser spurlos auf. Das verhinderte die Bläschenbildung und damit verräterische Spuren des Bootes.

Testanlage für den Walter-Antrieb bei HDW in 1965. (Archiv HDW)

Neben diesem Antrieb entwickelte Walter das „Indirekte Verfahren". Es bestand aus einem geschlossenen sekundären Dampfkreislauf für die Turbine, bei dem der Dampf über einen Wärmeaustauscher mit dem heißen Gas aus der Brennkammer erzeugt wurde. Diese Anlage war gegenüber dem „Heißen Verfahren" zwar sparsamer im Brennstoffverbrauch, nahm dafür aber mehr Platz in Anspruch – und sie war deutlich schwerer.

MESMA-TURBINE

In Frankreich wurde das Module d'Energie Sous-Marin Autonome (MESMA) entwickelt, eine Dampfturbine, die mit Ethanol und flüssigem Sauerstoff betrieben wird. Problematisch sind für die Signaturen der Boote die hohen Temperaturen, die die Anlage entwickelt. Bisher befindet sich die Anlage noch in Erprobung.

Begonnen wurde die Entwicklung in den frühen Achtzigerjahren. Frankreich, das selbst nur Atom-U-Boote fährt, nutzt sie selbst nicht. Die pakistanische Marine erprobt eine Testversion der Turbine in einem ihrer U-Boote der französischen Agosta-Klasse. Weiter bietet Frankreich die MESMA-Anlage für das gemeinsam von Frankreich und Spanien entwickelte Boot der Scorpène-Klasse an. Möglicherweise wird die indische Marine, die sechs Boote der Scorpène-Klasse bestellt hat, eine MESMA-Anlage in den letzten drei Booten nutzen.

DER KREISLAUFDIESEL[9,10]

Das Kreislaufdiesel-System basiert auf einem normalen, nicht modifizierten Turbodiesel, der bei getauchter Fahrt mit reinem Sauerstoff in gasförmiger- oder flüssiger Form, der in Tanks an Bord mitgeführt wird, vorsorgt wird. Während der Fahrt in aufgetauchtem Zustand oder bei Schnorchelfahrt nutzt der Diesel die atmosphärische Außenluft. Für die Tauchfahrt wird das System auf Kreislaufbetrieb umgestellt. Dabei wird der Anteil des Stickstoffs in der atmosphärischen Luft durch das Kohlendioxid aus dem Abgas und der Sauerstoff aus der atmosphärischen Luft durch Sauerstoff aus dem mitgeführten Vorrat ersetzt.

Vor und während des Zweiten Weltkriegs entwickelte die Kriegsmarine Projekte für Kreislaufmaschinen auf U-Booten und in Torpedos. Die Entwicklung für Unterseeboote wurde allerdings zugunsten des Walter-Antriebs zurückgestellt. Immerhin entwickelte die Stuttgarter Universität von 1940 an zwei Kreislaufdiesel mit jeweils 53 und 1.400 PS. Mitte 1944 war die kleinere Maschine zum Einbau in ein U-Boot bereit; der Verlauf des Krieges verhinderte jedoch die praktische Erprobung.

Nach dem Krieg ist das Kreislaufsystem in mehreren Ländern untersucht worden. Die Entwicklungen unterschieden sich in ihrem Ansatz bei der kritischen Frage, wie das Kohlendioxid im Abgas an Bord eines U-Boots bei unterschiedlichen Tauchtiefen zu behandeln sei, bevor es der Maschine wieder zugeführt wurde. So baute Mitsui in Japan eine Landtestanlage, in Italien wurden einige kleine zivile U-Boote für die Offshore Industrie mit Kreislauf-Systemen gebaut und in Deutschland ließ die Bruker Meerestechnik 1990 ein experimentelles Forschungs- und Inspektions-U-Boot zu Wasser.

Einen neuen Anlauf im U-Boot-Bau machten die Thyssen Nordseewerke in den frühen Achtzigerjahren und suchten nach einem AIP-Antrieb, der ein U-Boot für wenigstens 14 Tage kontinuierlich unter Wasser antreiben konnte. Dabei dachte man sowohl an eine militärische als auch zivile Nutzung. Die Untersuchungen gipfelten im Einbau einer Plug-in-Sektion mit einem weiterentwickelten Kreislaufdiesel in ein U-Boot der Klasse 205, das zuvor für die sehr erfolgreiche Demonstration der Leistungsfähigkeit des Brennstoffzellen-Antriebs genutzt worden war. Im März 1993 unternahm das Boot in der Ostsee durchaus erfolgreiche Testfahrten. Vor allem die gewünschte Verweildauer unter Wasser um den Faktor 5 zu konventionellen diesel-elektrischen U-Booten erschien realistisch. Auch erschien es aussichtsreich, den Geräuschpegel des Bootes weiter zu verringern.

Dennoch wird die Entwicklung nicht weiterverfolgt, zumal sich der Brennstoffzellen-Antrieb, der bereits serienreif war, als überlegen erwiesen hat.

DER STIRLING-MOTOR

Das Prinzip des Stirling-Motors ist uralt. Dabei handelt es sich um eine Wärme-Kraft-Maschine, in der ein Arbeitsgas wie Luft, Helium oder Wasserstoff durch eine beliebige externe Wärmequelle in einer abgeschlossenen Kammer in einem Bereich erhitzt und anschließend in einem anderen Bereich gekühlt wird. Zwischen dem permanent erhitzten und dem permanent gekühlten Bereich wird das Arbeitsgas mit Hilfe von Kolben hin und her bewegt. Im erwärmten Zylinderraum dehnt sich das Arbeitsgas aus und zieht sich im kalten Zylinder wieder zusammen, wobei die innere Energie des Arbeitsgases in nutzbare mechanische Arbeit umgewandelt wird. [11]

Bereits 1816 erfand der schottische Pastor Robert Stirling das Prinzip und meldete es als Patent an. Er wollte mit seinem Motor ein Gegenstück zu den Hochdruck-Dampfmaschinen schaffen, die damals in der englischen Industrie aufkamen und bei vielen Explosionsunglücken zahlreiche Opfer forderten. Der sichere Stirling-Motor fand rasch Verbreitung vor allem in Privathaushalten und Handwerksbetrieben, wo er als Massenprodukt zahlreiche Anwendungen erfuhr – etwa beim Antrieb von Ventilatoren, Wasserpumpen oder Nähmaschinen, da er relativ klein gebaut werden konnte. Anfang des 20. Jahrhunderts sollen rund 250.000 Stirling-Motoren weltweit in Betrieb gewesen sein. Letztlich allerdings wurde er von den immer ausgereifteren Otto-, Diesel- und Elektromotoren verdrängt.

Doch ganz vergessen wurde der Antrieb nicht. 1936 begann die Firma Philips mit Versuchen und stellte 1954 einen 200 kW-Stirling-Generator in Kleinserie her. Weitere Unternehmen und Forschungsinstitute in den USA, den Niederlanden, Schweden und Deutschland untersuchten in den Fünfziger-, Sechziger- und Siebzigerjahren des letzten Jahrhunderts den Stirling-Antrieb. Auch MAN begann 1967 mit Versuchen und stellte 1984 eine Studie über einen Stirling-Antrieb für Schiffe vor.

Da der Stirling-Motor vibrationsfrei und daher außerordentlich geräuscharm ist, lässt er sich auch in außenluftunabhängigen Antrieben auf U-Booten einsetzen, wenn für die Verbrennung des Treibstoffs Sauerstoff an Bord mitgeführt wird. Diesen Weg hat Schweden nicht ohne Erfolg beschritten und das Prinzip zum Einsatz in seinen Booten für die eigene Marine und für den Export weiterentwickelt. Allerdings ist der Wirkungsgrad des Motors verglichen mit anderen Systemen deutlich schlechter und der Treibstoffverbrauch entsprechend hoch. Daher haben die meisten Nationen, die sich am Stirling versucht haben, diesen Antrieb wieder aufgegeben.[12]

DER BRENNSTOFFZELLEN-ANTRIEB

In seinem Roman „Die geheimnisvolle Insel" lässt Jules Verne 1874 den Ingenieur Cyrus Smith auf die Frage nach künftigen Energieträgern sagen:

„Ich glaube, dass Wasser eines Tages als Brennstoff genutzt wird. Wasserstoff und Sauerstoff, aus denen es besteht, werden allein für sich oder zusammen eine unerschöpfliche Quelle von Wärme und Licht sein. Und das mit einer Intensität, die Kohle nicht leisten kann." Der fortschrittsgläubige Visionär Jules Verne kannte die Brennstoffzelle. Denn schon 1838 hatte der Chemiker und Physiker Christian Friedrich Schönbein zwei Platindrähte mit Wasserstoff und Sauerstoff umspült und dabei zwischen den Drähten eine elektrische Spannung festgestellt – die erste einfache Brennstoffzelle. Ein Jahr

Erfinder C. F. Schönbein. (wikipedia commons)

später veröffentlichte er seine Forschungsergebnisse. Sein englischer Kollege Sir William Grove nahm den Faden auf und begann weiter zu experimentieren. Zusammen mit Schönbein erkannte er, dass es sich bei dem Prozess um die Umkehrung der Elektrolyse handelte, bei der – beliebt im Physikunterricht – aus Wasserstoff und Sauerstoff Knallgas entsteht.

Zunächst aber geriet die Brennstoffzellentechnologie in Vergessenheit, nicht zuletzt, weil der Generator von Werner von Siemens und die Batterietechnologie elektrischen Strom einfacher und sicher auch billiger lieferten. Erst in den Fünfziger- und Sechzigerjahren erlebte die Brennstoffzelle in der amerikanischen Raumfahrt ihre Wiederauferstehung, als sie bei den Apollo- und Gemini-Missionen in der Regel zuverlässig Strom lieferte.

Die Brennstoffzelle ist eine elektrochemische Vorrichtung, die elektrischen Strom ohne Verbrennung produziert. Die elektrochemischen Reaktionen zwischen einem Brennstoff und einem Oxydationsmittel, die zur direkten Erzeugung von Elektrizität führen, sind für viele Brennstoffe untersucht worden. Die größten Fortschritte wurden dabei mit der Reaktion von Wasserstoff und Sauerstoff erzielt. Die Brennstoffzelle erzeugt mehr Strom aus dem Brennstoff als die herkömmliche Verbrennung. Zudem gibt sie keine schädlichen Abgase an die Umwelt ab – nur Wasserdampf. Der Wirkungsgrad ist außerordentlich hoch. Denn Brennstoffzellen als elektrochemische Energieumwandler liefern die elektrische Energie durch die freie Enthalpie G chemischer Reaktionen. Im Idealfall würden sie eine hundertprozentige Umwandlung von chemischer in elektrische Energie ermöglichen. Das ist zwar Theorie, aber immerhin erreichen die heute auf deutschen U-Booten verwendeten Brennstoffzellen einen sehr hohen Wirkungsgrad von etwa 70 Prozent.

Die verschiedenen Arten von Brennstoffzellen unterscheiden sich durch die verwendeten Elektrolyte, die Betriebstemperaturen, den Brennstoff und das Oxydationsmittel. So unterscheidet man:[13]

▶ *Alkalische Brennstoffzellen (AFC: Alkaline Fuel Cell)*
Sie verwendet zwei unterschiedliche Arten von Elektrolyten: flüssige Kalilauge und in einer Matrix enthaltene Elektrolyte. Aufgrund ihres niedrigen Gewichts und niedrigen Betriebstemperaturen sind alkalische Brennstoffzellen zuerst vor allem in der Raumfahrt und als bewegliche, leise Gleichstromerzeuger verwendet worden.

▶ *Phosphorsäure-Brennstoffzellen (PAFC: Phosphoric Acid Fuel Cell)*
Als Elektrolyt dient hochkonzentrierte Phosphorsäure. Die robuste Brennstoffzelle arbeitet mit Außenluft oder Wasserstoff und ist gegen Verunreinigungen der Gase relativ unempfindlich. Aufgrund des aggressiven Elektrolyts ist ihre Lebensdauer jedoch niedrig, und ihr Wirkungsgrad ist niedrig.

Die Brennstoffzelle ist für den Einsatz in stationären Anlagen zur dezentralen Stromerzeugung entwickelt worden. Bei Betriebstemperaturen bis zu 200 Grad Celsius ist Kraft-Wärme-Kopplung möglich.

▶ *Karbonatschmelze-Brennstoffzellen (MCFC: Molten Carbonate Fuel Cell)*
Diese Brennstoffzelle nutzt als Elektrolyten geschmolzene Karbonate. Ihr Betrieb erfolgt bei hohen Temperaturen von über 600 Grad Celsius, um die Karbonate (Kalium-/Lithiumkarbonat) zu schmelzen. Dies ermöglicht den Einsatz unterschiedlicher kohlenwasserstoffhaltiger Energieträger, wie Erd-, Kohle-, Bio- oder Deponiegas. Sie sind für die zentrale wie dezentrale Energieerzeugung – allerdings nur in Grundlast – geeignet, und auch hier ist Kraft-Wärme-Kopplung möglich.

▶ *Oxykeramische Brennstoffzellen (SOFC: Solid Oxide Fuel Cell)*
Hier benutzt die Brennstoffzelle als Elektrolyten festes Zirkondioxid bei Arbeitstemperaturen vom 850 bis 1.000 Grad Celsius. Als Brennstoff können die gleichen Energieträger wie bei der MCFC genutzt werden. Dem Einsatz der MCFC stehen jedoch noch einige Probleme

entgegen. Die Lebensdauer der Brennstoffzellenstacks wird durch die Instabilität der Kathode (Auflösung), die Korrosion des Separators zwischen den Stacks und die Deformation der Elektrolytmatrix erheblich eingeschränkt. Einsatzbereiche könnten die zentrale und dezentrale Stromerzeugung mit Kraft-Wärme-Kopplung in der Grundlast sein.

▶ *Protonenaustausch-Membran-Brennstoffzelle (PEM)*
Die PEM-Brennstoffzelle enthält als festen Polymer-Elektrolyten eine Ionenaustauschmembran mit auf Kohlepapier aufgebrachten Elektroden. Diese Membranelektrode befindet sich zwischen dem Flüssigkeitsströmungsfeld und den Kühleinheiten. An der Kathode findet eine Reaktion mit Sauerstoff zur Bildung von Anionen statt. Sie reagieren mit den Wasserstoffionen, die die Membran durchquert haben und bilden als Reaktionsprodukt Wasser. Die erzeugte elektrische Energie ist für den Verbrauch bestimmt.

Die PEM-Brennstoffzellen arbeiten bei niedrigen Betriebstemperaturen von unter 80 Grad Celsius und funktionieren absolut lautlos. Weitere Vorteile sind ihr hoher Wirkungsgrad, ihre lange Lebensdauer, ihr geringer Wartungsaufwand und der schnelle Kaltstart. Aufgrund ihres inneren Aufbaus lässt sich die PEM sehr einfach modular von einigen Watt bis zu mehreren Kilowatt aufbauen. Sie ist allerdings nicht gerade billig, denn für den Katalysator wird Edelmetall, besonders Platin, benötigt. Hier gelingt es jedoch zusehends, den Platin-Anteil zu verringern.

DIE ENTWICKLUNG DER HDW-BRENNSTOFFZELLEN-ANLAGE

Die Untersuchungen des IKL über den künftigen AIP-Antrieb der Klasse 208-U-Boote, an denen die Rüstungsabteilung des Verteidigungsministeriums, das Marineamt, das BWB, das IKL und zum Teil auch die U-Flottille beteiligt waren, ergaben für einen Brennstoffzellenantrieb, der aber noch nur auf dem Papier stand, die beste Bewertung. Doch das Projekt verzögerte sich immer wieder. Zum einen verschlang der Neu- und Umbau der ersten Boote der Klasse 205, die noch mit untauglichem Stahl gebaut waren, viel Geld, so dass für die Erprobung neuartiger Antriebe kaum Mittel vorhanden waren. Zum anderen zeigten sich die Unternehmen wegen der schwierigen wirtschaftlichen Lage zu Beginn der Siebzigerjahre, die der Bundesrepublik zusätzlich auch noch die erste Energiekrise bescherte, wenig Neigung zu finanziellen Abenteuern. So wurde 1971 beschlossen, die weitere Entwicklung der Klasse 208 solange auf Eis zu legen, bis ein geeigneter AIP-Antrieb bereit stand. Die Marine hatte auch keine besondere Eile mehr, weil sich die neuen U-Boote der Klasse 206 durchaus bewährt hatten.

Ende der Sechzigerjahre suchte Norwegen nach einem Ersatz für ihre U-Boote der KOBBEN-Klasse und wünschte größere Boote. Daraus wurde die Klasse 210 (ULA-Klasse). Zunächst als Gemeinschaftsvorhaben der norwegischen und deutschen Marine geplant, ergaben sich aber unterschiedliche Auffassungen über die Bauausführung der U-Boote. Während die deutsche Seite antimagnetischen Stahl wünschte, zogen die Norweger ferritischen hochfesten Stahl vor. Zudem hatten die Norweger andere Vorstellungen vom Einsatz der Boote als die Bundesmarine. So trat Deutschland von dem U-Boot-Projekt zurück und Norwegen ließ die Boote bei den Thyssen Nordseewerken (TNSW) für sich allein als ULA-Klasse bauen.

Zwischendurch vergab das Verteidigungsministerium einzelne Entwicklungsaufträge für außenluftunabhängige Antriebe an verschiedene Unternehmen. So sollten sich Philips und später MAN mit einem Stirling-Motor befassen. Eine Arbeitsgemeinschaft aus Siemens und VARTA entwickelte eine Brennstoffzelle. Da aber die Verwirklichung der Klasse 208 weit und breit nicht in Sicht war und Nachfolge-Klassen ebensowenig, bot Siemens – inzwischen ohne VARTA-Beteiligung – den deutschen U-Bootwerften die Brennstoffzelle für den Export an. Das lehnte TNSW ab. Aber nicht so die Howaldtswerke-Deutsche Werft AG, die seit geraumer Zeit zusammen mit Ferrostaal und dem IKL große Erfahrungen im Export von U-Booten gesammelt hatten. Ihnen war klar, dass der Export auf Dauer nur erfolgreich sein konnte, wenn man gegenüber der ausländischen Konkurrenz mit einem Technologievorsprung aufwarten konnte. Das galt vor allem für den Antrieb der Boote. Ein außenluftunabhängiger Antrieb für U-Boote, der die Lücke zwischen dem konventionellen diesel-elektrischen und dem Nuklearantrieb füllen konnte, war seit langem ein Desiderat. Hinzukam, dass die schwedische Konkurrenz sich bereits seit längerer Zeit mit dem Stirling-Motor befasste und damit bei AIP-Systemen einen Vorsprung zu gewinnen drohte.

1979 wertete das IKL aufgrund der gesammelten Erfahrungen und der jüngsten Firmenergebnisse die zur Wahl stehenden außenluftunabhängigen Antriebe erneut aus. Die Brennstoffzelle erreichte klar den ersten Platz, und der Stirling-Motor blieb zweite Wahl. Hinzukamen neue Ergebnisse für die sichere Speicherung des Wasserstoffes an Bord. Daimler-Benz hatte sich ebenfalls für den Einsatz der Brennstoffzelle in umweltfreundlichen PKWs interessiert und eigene Forschungen angestellt. Mit Hilfe des Bundesministeriums für Forschung und Technologie hatten die Stuttgarter eine Lösung gefunden, den Wasserstoff sicher zu speichern, die sich gerade auch für U-Boote prächtig eignete. Sie speicherten den Wasserstoff in Metallhydriden. Die waren zwar sehr schwer, konnten aber im U-Boot zur Stabilisierung und Trimmung genutzt werden. Platzprobleme im Boot wurden dadurch verringert, dass die neuen Boote wegen ihrer umfangreichen Elektronik und besseren Unterbringungsmöglichkeiten für die Besatzung größer wurden. So kristallisierte sich heraus, die Versorgung der Brennstoffzelle an Bord mit Wasserstoff über Metallhydridspeicher und mit Sauerstoff über Tanks mit flüssigem Sauerstoff zu lösen.

So bildeten HDW, Ferrostaal und das IKL im Jahr 1979 ein Konsortium, das den Brennstoffzellenantrieb mit eigenen Mitteln verwirklichen wollte. Ziel war ein Hybridantrieb, bei dem Überwasserfahrt und Schnorchelfahrt diesel-elektrisch und die Tauchfahrt mit der Brennstoffzelle erfolgen sollte. Vor vornherein sah das Konsortium auch den Export von U-Booten vor. Und weiter plante es, den Brennstoffzellen-Antrieb auch als Plug-in zur Umrüstung älterer dieselelektrischer U-Boote – besonders der Klasse 209 – auf die neue Technologie anzubieten.

Ursprünglich ging das Konsortium davon aus, dass alle Komponenten für die Anlage schon vorhanden waren: die Brennstoffzelle bei Siemens und die Metallhydridspeicherung bei Daimler Benz.[14] Tatsächlich aber erwies sich das Vorhaben doch komplizierter als ursprünglich gedacht. Weitere umfangreiche Untersuchungen bei Siemens für die Brennstoffzelle und beim IKL und der Maschinenbau Gabler GmbH für die Speicher wurden notwendig. Vor allem aber ging es darum, aus allen Komponenten ein funktionierendes System zu schaffen. Dafür war eine ganze Reihe von Einzellösungen zu erarbeiten. So arbeiteten HDW, das IKL, Siemens und Daimler-Benz eng zusammen. Ziel war, eine Prototyp-Anlage herzustellen und sie zu erproben. So beschloss das Konsortium 1980, ein Funktionsmodell – eine Landtest-Anlage bei HDW – zu bauen und die erforderliche Materialentwicklung der Zusatzgeräte und des gesamten Systems in einem festen Zeitrahmen und einem festen Budget vorzunehmen.[15]

Und Zweifel waren auszuräumen. Die Marine machte sich Sorgen wegen der sicheren Speicherung des Wasserstoffes. So wurde der TÜV Rheinland eingeschaltet, und mit ihm wurde eine Reihe von Lösungen gefunden. Tatsächlich mussten die existierenden U-Boote seit Ewigkeiten mit der Gefahr von Wasserstoff aus gasenden Batterien und damit Knallgasexplosionen leben, und der Wasserstoff befand sich nicht nur in den Batterieräumen, sondern auch im Wohnbereich. Die geplante Speicherung von Wasserstoff in Metallhydriden dagegen versprach eine deutliche Verbesserung der Sicherheit, da er sich nur in einem kleinen besonders gesicherten System befinden würde.[16]

Von Mitte 1983 bis Mitte 1984 wurde die Landtest-Anlage in Kiel gebaut. In ihr sollte die Hybrid-Anlage zusammen mit Originalsystemteilen aus einer herkömmlichen U-Boot-Antriebsanlage getestet werden. Das neue System lieferte die Antriebskraft für einen Gleichstrommotor, der mit Hilfe einer Wasserwirbelbremse gebremst werden konnte. Für den Parallelantrieb wurde eine originale U-Boot-Batterie gewählt. Die Landtestanlage war von vornherein so konzipiert, dass sie nach erfolgreichen Tests direkt in ein U-Boot eingebaut werden konnte.

Daneben fand mit Hilfe des IKL und anderer Unternehmen eine umfangreiche Forschungs- und Entwicklungsarbeit statt, in der die Herstellung großer Stückzahlen von Metallhydridblöcken zur sicheren Speicherung des Wasserstoffs vorbereitet wurde. Dabei werden heute bei HDW Zylinder hergestellt, in denen viele kreisförmige Blöcke in Aluminium-Kassetten zusammengesetzt und in einen Stahlzylinder eingesetzt werden. Anschließend werden die Zylinder luftdicht verschweißt. Der Wasserstoff wird durch ein zentrales Filterventil in den Zylinder gefüllt. Beim ersten Einfüllen von Wasserstoff zerfällt das Metallhydrid in ein feines Pulver. Dadurch entsteht eine sehr große Oberfläche, an der sich der Wasserstoff anlagern kann. Die Metallhydride besitzen freie Räume in ihrer metallischen Gitterstruktur, die in einem umkehrbaren Prozess mit Wasserstoffatomen ausgefüllt werden können. So können große Mengen Wasserstoff in einem kleinen Volumen untergebracht werden. Mit der Abwärme aus der Brennstoffzelle wird der Wasserstoff aus dem Zylinder kontrolliert abgegeben. Was heute problemlos funktioniert, bereitete den Entwicklern anfangs wegen der Wärmeentwicklung in den ersten noch alkalischen Testzellen erhebliche Schwierigkeiten. Ein Beteiligter erinnert sich: „Die Zylinder bogen sich wie die Bananen".

Großen Wert legten die Entwickler von Anfang an auf die sichere Bedienung der Wasserstoff- und der Sauerstoff-Systeme. Für diesen Zweck versicherten sie sich der Unterstützung und Beratung des Kölner TÜVs. Damit wollten sie von vornherein sicherstellen, dass beim späteren Betrieb des Systems keine erheblichen und kostspieligen Änderungen notwendig würden.

Im Herbst 1984 wurde die Landtest-Anlage in Betrieb genommen, nachdem die Testcrew aus Mitarbeitern von HDW, dem IKL und Siemens alle Teilsysteme wie Wasserstoff-, Kühlwasser- und Überwachungssysteme auf Herz und Nieren geprüft hatte. Zum Erproben der Anlage installierte sie zwei getrennte Computer, von denen einer die Sicherheit des Systems überwachte und es bei jedem ernsthaften Verlust von Wasser- oder Sauerstoff automatisch abschaltete. Der zweite Computer nahm alle Messwerte auf und speicherte alle wichtigen Daten.

Bereits im Januar 1985 konnten HDW und das IKL dem Inspekteur der Bundesmarine und seinen Admirälen die Landtestanlage vorstellen. Ein Jahr später, nach einem erfolgreichen Testlauf von 350 Stunden überzeugte sich auch das BWB von der Leistungsfähigkeit der Anlage und beschloss, sie in ein U-Boot der Klasse 205 – U 1 – einbauen zu lassen, um sie unter den Bedingungen der Seefahrt zu testen. Die ersten Versuche fanden 1987 noch fest an der Werftpier im Kieler Hafen statt. Hier erhielt die Marinebesatzung die erforderliche Ausbildung an dem neuen System. Sie war die erste der Welt, die ein nicht-nukleares außenluftunabhängiges System auf einem herkömmlichen U-Boot bedienen konnte.

DIE TAUCHFAHRT VON U 1

Im Sommer 1988 war es soweit: Die neunmonatige Seeerprobung in Nord- und Ostsee konnte beginnen. Zunächst fanden längere Tauchfahrten statt, in denen umfangreiche Tests für die einzelnen Teilsysteme ausgeführt wurden. Der Besuch des Bootes auch in ausländischen Häfen befreundeter Nationen ergab, dass das Nachtanken von Wasserstoff und Sauerstoff in jedem Hafen problemlos möglich war. Die Transitfahrten wurden alle in ständig getauchtem Zustand mit dem Brennstoffzellen-Antrieb durchgeführt, und es wurde nicht geschnorchelt.

Zum eindrucksvollen Höhepunkt des Testprogramms wurde im August die Fahrt von U1, in der das Boot von einer Position nördlich von Helgoland rund 240 Seemeilen in 44 Stunden nach Kristiansand in Norwegen fuhr. Es blieb dabei vollkommen tief getaucht und benutzte nur den Brennstoffzellen-Antrieb. Darüber berichtete den Kommandant, Korvettenkapitän Dirk Uhde, in einem Bericht vom 18. August 1988[17,18], dass der 44stündige Transit allein mit Brennstoffzelle und ohne zu schnorcheln durchgeführt wurde. Aus den Batterien des Bootes musste nur ein sehr kleiner Anteil Elektrizität entnommen werden, so dass die Batterien am Ende der Reise noch 70 Prozent Kapazität besaßen. Zu Beginn der Reise waren es etwa 85 Prozent gewesen. Ein konventionelles U-Boot – so Uhde – hatte während einer solchen Fahrt täglich in verschiedenen Intervallen etwa insgesamt vier Stunden schnorcheln müssen.

Und er fügte hinzu, dass Schnorchelfahrt immer ein vergrößertes Risiko bedeute – sogar in Friedenszeiten. Denn während des Transits sei er teilweise mit dichtem Nebel und zahlreichen unbeleuchteten Yachten konfrontiert worden – eine übliche Segler-Unsitte. Er war verschiedentlich auf Sehrohrtiefe gegangen, um seine Position für eine sichere Navigation festzustellen. Und so bemerkte er, dass es dringenden Bedarf an einem Navigationssystem gebe, das unabhängig von der Sehrohrtiefe arbeite.

Das Ergebnis dieser unterseeischen Reise aber stellte ihn vollkommen zufrieden. Er meinte, sie sei „quiet and deep" in des Wortes wahrer Bedeutung. Dies gelte besonders auch für die Belastung der Besatzung. Sie sei sehr viel geringer gewesen als unter konventioneller Schnorchelfahrt, so dass die Seeleute nicht so schnell ermüdeten. Beim Brennstoffzellen-Betrieb sei nur der normale Überwachungsbetrieb notwendig, so dass sich der größere Teil der Besatzung besser auf den eigentlichen Einsatz und seine taktischen Aspekte konzentrieren könne.

Die taktischen Aspekte der neuen Technik beurteilte Uhde sehr positiv.

Das neue System erschien ihm sehr geeignet für den Einsatz in Gebieten unter tatsächlicher Bedrohung. Selbst schon mit diesem Test-U-Boot sei es möglich, sich östlich von Bornholm mit größter Diskretion aufzuhalten, sogar während der besonders gefährlichen Rückfahrt. Ein Vorteil seien die geräuschlose Fahrt und die Tatsache, dass die Ausfahrgeräte weniger oft genutzt werden müssten. Auch in dieser Hinsicht habe die Brennstoffzelle beträchtliche Vorteile vor dem konventionellen Antrieb.

Insgesamt kam Uhde zu dem Schluss, dass das Ergebnis dieses Transits nach Kristiansand mit Hinblick auf die Effektivität der U-Boot-Waffe und die Erfüllung ihrer Aufgaben vielversprechend sei. Und: „Die See-Erprobungen mit U 1 haben gezeigt, dass die Brennstoffzellenanlage an Bord eines U-Boots problemlos funktioniert". Und so fügte er zum Schluss noch eine kleine, nicht ganz ernst gemeinte Anekdote aus der Testfahrt an: „Ein paar ,Heizer' kamen zu mir und sagten: ,Das ist alles so öde, keine Action! Wir fühlen uns überhaupt nicht ausgelastet.' Aber ich bin sicher, dass sie es so nicht gemeint haben."

DER MODERNE BRENNSTOFFZELLEN-ANTRIEB
DIE BRENNSTOFFZELLEN-ANLAGE

Die Testfahrt hatte die Leistungsfähigkeit der Brennstoffzelle unter Beweis gestellt. Und so entwickelten HDW und Siemens die Antriebsanlage zur Serienreife. Nach Untersuchungen an verschiedenen Brennstoffzellen-Typen entschieden sich die Entwickler für die PEM-Brennstoffzelle als die für U-Boote geeignetste. Denn sie zeichnet sich nicht nur durch einen hohen Wirkungsgrad, sondern auch durch einen geringen Wartungsaufwand aus. So muss sie während des Einsatzes überhaupt nicht gewartet werden. Sie arbeitet mit reinem Sauerstoff und Wasserstoff. Als einziges Reaktionsprodukt fällt hochreines Wasser an, das zur Kühlung der Brennstoffzelle, wie auch an Bord verwendet wird.

Die einzelnen Brennstoffzellen werden in bestimmter Anzahl zusammen mit der notwendigen Zusatzausrüstung und der Elektronik zu Brennstoffzellen-Modulen zusammengefasst und in einen druckfesten Stahlcontainer eingesetzt, in dem sie mit niedrigem Wasserstoffdruck in Betrieb gehalten werden. Die Entwicklung, die nach der Testfahrt von U 1 erfolgte, resultierte zunächst in Brennstoffzellen-Modulen mit einer Leistung von jeweils 30-40 Kilowattstunden Gleichstrom, die in die Boote der HDW-Klasse 212A der Deutschen Marine integriert wurden. Die jüngste Entwicklung bietet inzwischen Module mit einer Leistungsfähigkeit von 120 Kilowattstunden Gleichstrom an, die in den Booten der HDW-Klassen 214, 209 PN, Dolphin AIP und in den Brennstoffzellen Plug-in-Sektionen der HDW-Klasse 209 genutzt werden. Um höhere Leistungen zu erzielen, können beliebig viele Module in Reihe miteinander verbunden werden.

Die U-Boote führen den flüssigen Sauerstoff in speziell isolierten Tanks mit sich. Bei den Booten der HDW-Klasse 212A befinden sie sich aus Platzgründen außerhalb des Druckkörpers an Oberdeck unter einer Verkleidung, und bei den übrigen U-Bootklassen wie auch bei dem Brennstoffzellen-Plug-in innerhalb des Bootes. Das Sauerstoff-System besteht aus dem Sauerstofftank und dem Evaporator (Verdampfer) samt Armaturen und Sicherheitseinrichtungen. Der Evaporator nutzt die Abwärme aus dem Betrieb der Brennstoffzelle. Der Sauerstofftank versorgt auch die Besatzung während der Tauchfahrt mit Atemluft. Das System ist auch in extremen Situationen sicher. Das haben Schocktests bewiesen.

Der Energieträger Wasserstoff für den chemischen Prozess innerhalb der Brennstoffzelle wird in Metallhydrid-Zylindern außerhalb des Druckkörpers mitgeführt. Die Abwärme aus dem Betrieb der Brennstoffzelle wird in die Zylinder zurückgeführt, um den Wasserstoff zu dehydrieren – praktisch: aus den Zylindern auszutreiben. Die Rohre der Wasserstoffversorgung innerhalb des Druckkörpers sind doppelwandig ausgeführt. Dabei wird der Zwischenraum mit Stickstoff gefüllt, um einen sicheren Betrieb zu gewährleisten. Die Metallhydrid-Zylinder sind der sicherste Weg, Wasserstoff zu speichern, denn sie haben auf die Umwelt keinen Einfluss. Das Hydrid enthält kein freiwerdendes Gas und die Menge des freigesetzten Wasserstoffes wird durch die Menge der thermischen Energie begrenzt, die dem Zylinder zugeführt wird.

Die Brennstoffzellen-Anlage besitzt zwei Schaltanlagen. Eine von ihnen betrifft die Elektronik des Brennstoffzellen-Moduls. Die andere kontrolliert die Anlage und enthält die Sicherheits-Einrichtungen. Das System arbeitet über die zentrale U-Boot-Kontrollkonsole, ohne dass zusätzliche Crewmitglieder benötigt werden. Im Notfall kann die Brennstoffzellen-Anlage direkt von ihrer Schalttafel bedient werden. Der Arbeitspunkt eine Brennstoffzelle beruht auf der gewünschten elektrischen Leistung. Daher ist der Betrieb einer Brennstoffzelle inhärent selbstüberwachend.

Zu den Nebenaggregaten der Brennstoffzelle zählen das Kühlsystem, das Stickstoff-System und die Reaktions-Wassertanks: Die Abwärme, die beim Betrieb der Brennstoffzelle entsteht, wird durch ein duales Kühlsystem beseitigt. Es versorgt die Metallhydrid-Zylinder mit der thermischen Energie, die für die Dehydrierung des Wasserstoffs notwendig ist. Zugleich versorgt sie auf dem Rückweg den Verdampfer mit der nötigen Energie. Nur ein Minimum der restlichen Abwärme gelangt in das Seewasser. Damit ist das Brennstoffzellensystem

Die Metallhydrid-Zylinder (schwarz) an einem U-Boot der HDW-Klasse 212A. (YPS Peter Neumann)

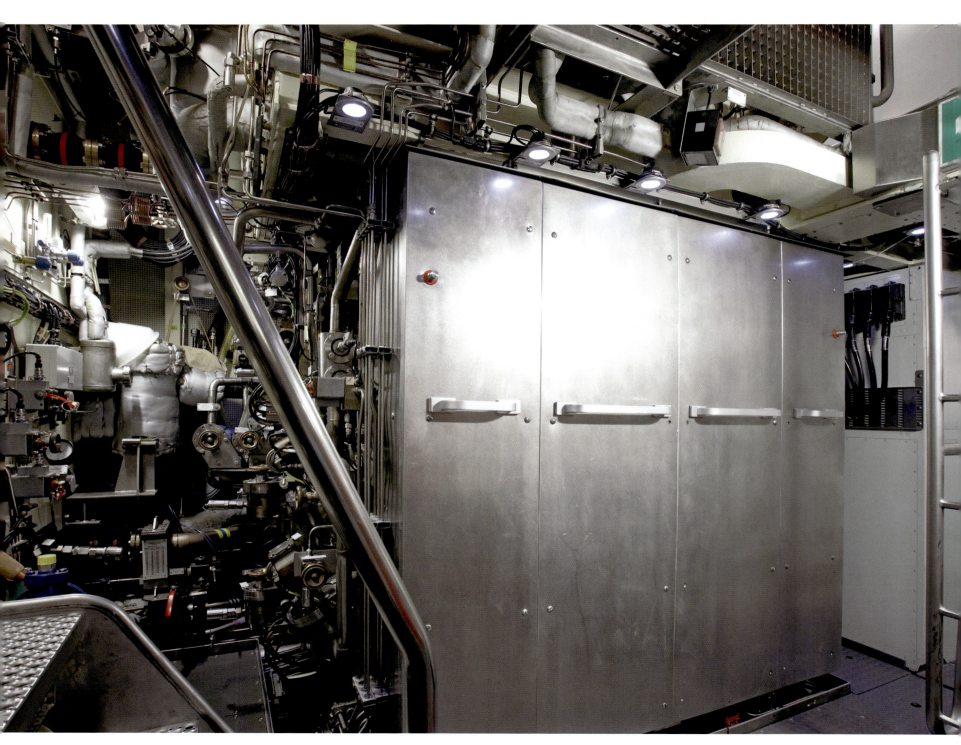

Die Brennstoffzelle an Bord der HDW-Klasse 212A – High-Tech, untergebracht in einem unscheinbaren Kasten. (YPS Peter Neumann)

allen anderen außenluftunabhängigen Antrieben in Bezug auf Infrarot-Signaturen weit überlegen.

Die Brennstoffzelle wird während einer längeren Betriebspause mit Stickstoff inaktiv gehalten. Der Stickstoff wird auch dazu benutzt, die doppelwandigen Rohre und Armaturen des Brennstoffzellen-Moduls aufzufüllen.

Brennstoffzellen benötigen keine Gewichtskompensation, weil das Reaktionswasser in Ausgleichstanks an Bord gespeichert wird. Es wird auch für die Bedürfnisse der Crew benötigt. Damit ist die Balance des Boots gewährleistet.

Von Anfang an war geplant, bereits existierende U-Boote – besonders die HDW-Klasse 209 – mit einem Brennstoffzellen-Antrieb nachzurüsten. Dies geschieht mit einer zusätzlichen Brennstoffzellen-Sektion. Da die HDW-Boote in Sektionsbauweise konstruiert und gefertigt werden, kann der Druckkörper problemlos an einer bestimmten Stelle aufgeschnitten und um die Länge eines Sektionsdurchmessers verlängert werden. An diese Stelle tritt das Brennstoffzellen-Plug-in. Die neue Sektion enthält das gesamte Brennstoffzellen-System inklusive des Sauerstofftanks. Lediglich die Metallhydrid-Zylinder müssen außenbords entlang dem Kiel angebracht werden und dienen dort auch als Ballast.

Derartig nachgerüstete U-Boote können ihre Tauchzeit und die Unterwasser-Reichweite etwa vervierfachen – also etwa auf zwei Wochen. Bei den Booten mit von vornherein integriertem Brennstoffzellen-Antrieb wie die HDW-Klassen 212A, 214, 209 PN und Dolphin AIP sind es sogar mehrere Wochen. Genaues weiß man nicht, weil die Marinen und die Werft eisern schweigen. Immerhin gibt es im Internet verschiedene Quellen, die von bis zu 60 Tagen sprechen. Hier wabert zwar die Gerüchteküche – sicher ist aber die große Effektivität des Brennstoffzellen-Systems, die die konkurrierenden nicht-nuklearen AIP Systeme um den Faktor zwei übertrifft. Immerhin stehen rund 60 Prozent der mitgeführten Energie aus Wasserstoff und Sauerstoff für den Antrieb und die Bordverbraucher zur Verfügung.

Das hat U 32 unter Beweis gestellt. Das U-Boot der HDW-Klasse 212A hat im März 2013 den längsten und am weitesten getauchten Transit eines U-Boots der Deutschen Marine absolviert. Auf der 20tägigen Fahrt von den Azoren zu Manövern mit der US Navy nach Florida blieb das Boot 18 Tage mit Brennstoffzellen-Antrieb getaucht, weil starke Tiefausläufer den Atlantik zu einer mehr als holprigen Piste machten. Acht Meter hohe Wellen zwangen den Begleit-Tender MAIN zum Ausweichen nach Süden und U 32 tief unter Wasser. Dort war es wenigstens ruhig. Nur die Raucher unter der Besatzung sollen schwer gelitten haben.

DER SIEMENS-PERMASYN®-MOTOR

Für die neue Generation U-Boote hat Siemens seine schon zuvor erfolgreichen Gleichstrom-Antriebsmotoren weiterentwickelt. Der Siemens-Permasyn®-Antriebsmotor ist effizienter, kleiner, leichter und leiser als seine Vorgänger. Das macht ihn für die neuen U-Boote besonders geeignet. Inzwischen wird er auf 31 Booten der neuen HDW-Klassen, beginnend mit der HDW-Klasse 212A, in Deutschland, Griechenland, Südkorea, Portugal, Israel und der Türkei gefahren.

Da der Permasyn®-Antriebsmotor von Permanentmagneten erregt wird, benötigt er keinen Erregerstrom. Zusätzlich sind seine Kerne und Spulen auf niedrigsten Leistungsverlust ausgelegt. Durch die Optimierung von Stomverlaufskurve und Pulsfrequenz sowie geschwindigkeitsabhängige Phasenregulierung werden Verluste und Geräuschentwicklung weiter minimiert. Ein Teil des Antriebssystems ist bereits in dem Permasyn®-Antriebsmotor integriert. Ein Wechsel zwischen verschiedenen Antriebsgeschwindigkeitsbereichen ist nicht erforderlich – dank elektronischer Drehzahlregulierung gehören drehmomentfreie Schaltintervalle, Schaltgeräusche und Stromverbrauchsspitzen der Vergangenheit an. Im Vergleich mit konventionellen Antriebslösungen erzielt Permasyn® höheres Drehmoment bei niedrigeren Drehzahlen und ist daher in der Lage, größere Propeller mit deutlich höherem Wirkungsgrad anzutreiben.[19,20]

Der Permasyn®-Motor ist gut abgeschirmt, besonders vibrations- und geräuscharm, und er gibt nur äußerst wenig Wärme ab. Mit diesen minimalen Signaturwerten trägt er dazu bei, die Ortung des U-Boots schwer zu machen. Dies wird noch unterstützt durch den von HDW neu entwickelten, siebenflügligen „Skew-back"-Propeller, der außerordentlich effektiv ist. Seine verhältnismäßig kleine Oberfläche sorgt für geringe Kavitation – bei Kavitation entstehen Luftbläschen, die zerplatzen und Lärm machen. Weiter sorgen die ausgewogene Blattgeometrie und Massenverteilung für ein Minimum an Vibrationen. So erzeugt der Propeller selbst bei hoher Fahrtgeschwindigkeit nur äußerst geringe Geräusche.

DAS HYBRID-ANTRIEBSSYSTEM

Grundsätzlich sorgt der elektrische Fahrmotor für den Vortrieb des U-Boots. Er wird jedoch aus verschiedenen Quellen gespeist. Bei Überwasserfahrt bezieht er seine elektrische Energie aus den Batterien, die von einem Dieselgenerator aufgeladen werden. Bei Unterwasserfahrt kann er den Strom sowohl aus den Batterien, als auch aus der Brennstoffzellenanlage beziehen. Bei Einsatzgeschwindigkeit, etwa bei der Aufklärung und bei langen Strecken, macht das Boot nur geringe Fahrt zwischen 4 bis 6 Knoten. Es ist dabei absolut geräuschlos und so nicht entdeckbar. Dafür ist die Stromversorgung allein durch die Brennstoffzelle vorgesehen. Bei schneller Fahrt unter Wasser – auf kurzen Strecken, etwa wenn das Boot seinen Standort schnell wechseln muss – werden die Batterien zugeschaltet. Mit diesem Hybrid-Antrieb ist ein Brennstoffzellen-Boot also außerordentlich flexibel.

Der High-Skew U-Boot-Propeller – heute aus Kohlefaserstoff – an einem U-Boot der HDW-Klasse 212A. (YPS Peter Neumann)

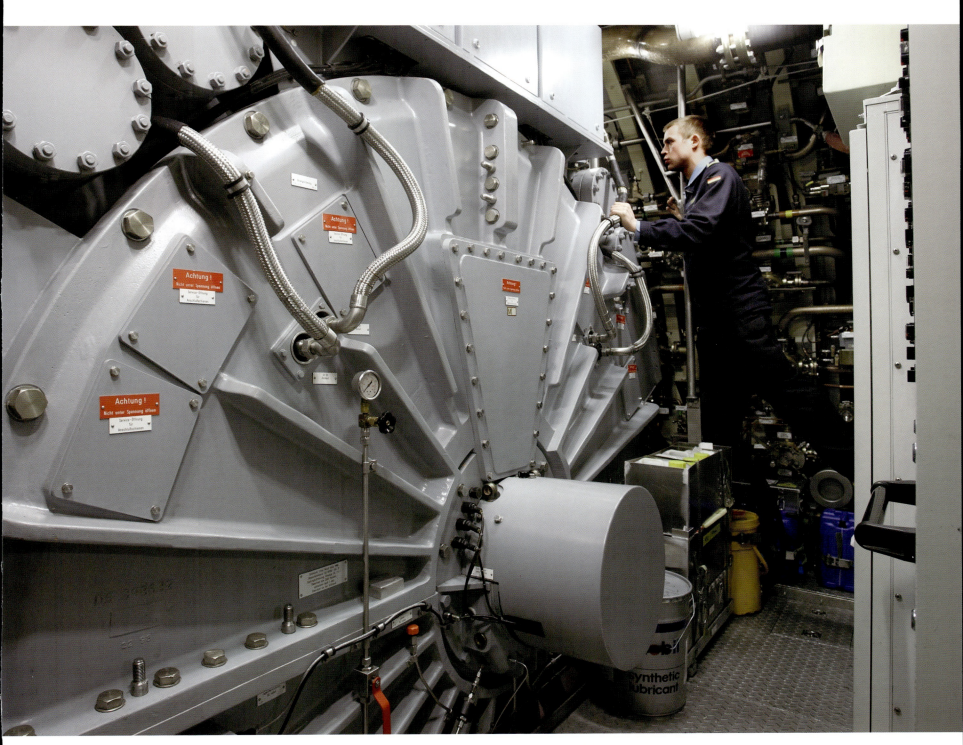
Hohes Drehmoment schon bei geringen Umdrehungen: Der Siemens-Permasyn®-Motor an Bord eines U-Boots. (YPS Peter Neumann)

Die Brennstoffzelle geht an Bord

UMWEGE: DIE KLASSE 212 WIRD KONZIPIERT

Nachdem sich die Bundesmarine 1977 von der U-Boot-Klasse 210 verabschiedet hatte, feierten die alten Pläne für die Klasse 208 ihre Wiederauferstehung. Die allerdings währte nicht lange. Vor allem mangelte es Anfang der Achtzigerjahre noch immer an einem ausgereiften außenluftunabhängigen Antrieb. Nun begrub das Verteidigungsministerium im Sommer 1982 die Pläne endgültig und konzentrierte sich auf zwei neue U-Boot-Klassen: 211 und 212. Dabei sollte die Klasse 211 in der Nordsee und die Klasse 212 vor allem in der Ostsee eingesetzt werden.[1] Die Klasse 211, ein U-Jagd-Boot mit konventionellem diesel-elektrischen Antrieb, sollte an der Nordflanke des NATO-Bündnisses in der Nordsee Verteidigungsaufgaben übernehmen. Dabei sollten die Boote von deutschen Häfen aus operieren, ohne in Norwegen oder Dänemark nachzubunkern. Das hatte natürlich Folgen für die Schiffsgröße und Ausrüstung. Die Marine hoffte dennoch, den Auftrag über die geplanten sechs Boote noch 1988 vergeben und 1992 in Dienst stellen zu können.

Daraus wurde allerdings nichts. Das IKL fertigte nach den Wünschen des BWB mehrere Entwürfe, mit dem Ergebnis, dass der Entwurf, der keinen Wunsch von Marine und BWB mehr übrig ließ, viel zu teuer wurde. Daraufhin versuchte man, diverse Einrichtungen wegfallen zu lassen, um sie vielleicht später doch noch einzubauen. Doch auch dadurch verringerten sich die Baukosten nicht in dem Maß, dass sich das schmale Marinebudget die Boote noch leisten konnte. Denn zur gleichen Zeit musste der Marinehaushalt die Kosten für ein Neubauprogramm von acht Fregatten bewältigen. Da die Fregatten innerhalb der NATO Vorrang besaßen, zog die Marine die Reißleine und stoppte 1987 das Vorhaben.

Alle Anstrengungen richteten sich jetzt auf die Klasse 212, die als Ersatz für die Klasse 206 einen außenluftunabhängigen Brennstoffzellen-Antrieb bekommen sollte, der sich auf Initiative von HDW, Ferrostaal und Siemens ja in der Entwicklung befand und auch von der Marine als beste Lösung angesehen wurde. Von der Klasse 211 sollten alle sinnvollen Entwicklungen und Lösungen übernommen werden. Dazu erhielt das IKL 1987 den entsprechenden Entwicklungsauftrag. Zugleich entschied das Verteidigungsministerium, die Arbeiten an der neuen U-Boot-Klasse möglichst zu beschleunigen. Das umfasste auch sämtliche Komponenten und Systeme.

Das hatte gute Gründe: Zum einen benötigte die Bundesmarine neue, modernere U-Boote. Und sie war aus dem verunglückten Projekt U 210, das ursprünglich gemeinsam mit Norwegen verwirklicht werden sollte, Norwegen gegenüber verpflichtet, das norwegische FüWES (Führungs- und Waffeneinsatzsystem) von Kongsberg Defence & Aerospace AS zu übernehmen. Zum anderen litten die deutschen U-Boot-Werften HDW und TNSW unter Auftragsmangel, da ihnen die schwedische Konkurrenz Kockums einen lukrativer Auftrag über sechs große U-Boote für die australische Marine vor der Nase weggeschnappt hatte.

Es mag für die deutschen U-Boot-Bauer eine späte Genugtuung gewesen sein, dass diese Boote, eine vergrößerte Version der schwedischen „Västergötland"-Klasse, von Anfang an als australische „Collins"-Klasse unter einem sehr dunklen Stern standen. Schon seit Beginn der Konstruktionsphase gab es technische Probleme, die sich bis zu den abgelieferten Booten hinzogen. Noch 2011 schrieb *THE AUSTRALIAN:* „Not a single submarine seaworthy"[2]. Begleitet wurden die Probleme von Vorwürfen des falschen Spiels („foul play") und Voreingenommenheit des australischen Auswahl-Komitees bei der Auswahl des U-Boot-Typs, zumal das HDW/IKL-Angebot zunächst als das beste von sieben Werften bewertet wurde. Ironie des Schicksals: Als HDW 1999 Kockums übernahm, musste sich die Werft sehr bald mit den Mängeln der Schweißung an den von Kockums nach Australien gelieferten Sektionen auseinandersetzen.

Doch 1987 half das herzlich wenig – der Auftrag war weg. So konzentrierten sich die Entwurfsarbeiten jetzt voll und ganz auf die neue U-Boot-Klasse. Dabei spielte die Größe des Bootes, das auch in der Ostsee operieren sollte, eine große Rolle. Die Klasse 212 sollte die Aufgaben der Klasse 206 übernehmen, nun aber mit außenluftunabhängigem Antrieb. Das bedeutete den Einsatz sowohl im flachen Wasser der westlichen Ostsee und ihrer Zugänge, als auch im tiefen Wasser der östlichen Ostsee. Daher durfte das Boot nach Ansicht der Marine die äußeren Abmessungen der Klasse 206 möglichst nicht überschreiten.

Bei dieser Forderung wichen die Konstrukteure zunächst als logische Konsequenz auf ein breiteres Boot aus. Just zu dieser Zeit wurden die neuen U-Boote der russischen THYPHOON-Klasse bekannt. Diese weltgrößten U-Boot-Kolosse besaßen zwei große Druckkörper nebeneinander. Das IKL fand jedoch schnell heraus, dass man diese Art Boot zwar bauen konnte, damit aber eine Reihe von Nachteilen verbunden war. Die Konstruktion erwies sich als zu kompliziert und zu teuer. Und gerade das Letztere hörte die Marine gar nicht gern.

Collins-U-Boote vor der Küste von West-Australien – seeuntüchtig? (Royal Australian Navy / CPOIS David Connolly)

So blieb es bei einem einzigen Druckkörper aus austenitischen Stahl, der sich durch hohe Festigkeit und Elastizität auszeichnet. Dies hat nicht nur Vorteile bei den Druckveränderungen beim Tauchen in unterschiedlichen Tauchtiefen, sondern auch bei Kollisionen oder Aufgrundlaufen. Dieser Stahl ist nicht magnetisch, und in Verbindung mit nicht-magnetischen Geräten und Ausrüstungsgegenständen innerhalb des Bootes sind die magnetischen Signaturen extrem niedrig und bieten so einen effektiven Schutz vor Magnetminen. Der Stahl wurde von der deutschen Industrie speziell für den U-Boot-Bau entwickelt. Die Stärke des Druckkörpers ist mit einem Sicherheitsfaktor um die Größe zwei zwischen der maximal zulässigen Tauchtiefe und der Zerstörungstiefe kalkuliert. Zusätzlich sind der Druckkörper und die Ausrüstung des Bootes in hohem Maß schockresistent.

Der Druckkörper des Bootes besteht aus einem zylindrischen Querschnitt, der nach achtern einen konischen Ansatz geringerer Größe erhielt. Der größere zylindrische Teil enthält zwei Decks, die übereinander angeordnet sind. Dabei wurde der Boden des oberen Decks elastisch im Boot aufgehängt und so gegen Geräuschbildung und Schock geschützt. Auf diesem Deck befindet sich im mittleren Bereich das Kontroll- und Operationszentrum – Navigation, Waffensysteme, Schiffstechnik etc. – und unter dem Deckboden wurde die gesamte Elektronik aufgehängt. Im vorderen Bereich sind die Besatzung und Ersatztorpedos untergebracht. Die sechs Torpedorohre befinden sich im und am Bugschott.

Das Achterschiff hinter dem Turm mit einem kleineren Durchmesser des Druckkörpers ist von einer frei durchfluteten äußeren Rumpfhülle umgeben, unter der sich die beiden Sauerstofftanks und die Hydridzylinder befinden. Das Achterschiff ist unbemannt und enthält im Wesentlichen die Antriebssysteme.

Ein besonderes Problem stellte der Turm dar, der für Überwasserfahrt und Schnorchel- oder Seerohrfahrt benötigt wird. In ihm sind der Überwasserfahrstand und sämtliche Ausfahrgeräte untergebracht. Die Größe und Höhe des Turms haben natürlich erheblichen Einfluss auf den Widerstand, den das Boot unter Wasser bietet. Er hat Einfluss auf Geschwindigkeit, Trimm, Kraftstoffverbrauch und damit auf die Größe der für ein bestimmtes Fahrtgebiet benötigten Kraftstoff- und Sauerstofftanks, die Anzahl der Hydridspeicher für Wasserstoff und schließlich auch die Anzahl und Größe der Batterien. Den Turm ganz wegzulassen ist allerdings keine Alternative. Alle entsprechenden Ideen und Entwürfe hatten bisher eine nur sehr kurze Halbwertszeit. So überlegten die Konstrukteure verschiedene Lösungen, um die Turmhöhe zu verringern. Dabei gab es Ideen für klappbare Ausfahrgeräte oder einen ausfahrbaren Fahrstand, quasi als Hebebühne. Letztlich gelang es aber, die Höhe des Turms soweit zu verringern, dass die Marine zufrieden war.

Achtern erhielt das Boot ein X-Ruder. Diese Ruderform sorgt für sehr gute Manövriereigenschaften. Die vier Flächen können gegenüber dem Kreuzruder größer ausfallen und bringen so mehr Angriffsfläche und Kraft mit, um auch scharfe Kursänderungen zu ermöglichen. Das Ruder ist so weit vor dem Propeller angebracht, dass es den Propellerstrahl nicht oder kaum beeinträchtigt und zugleich Geräusche vermeidet, die ein angeströmtes Ruder verursacht.

Das X-Ruder eines Bootes der HDW-Klasse 212A. (YPS Peter Neumann)

Neuartig ist auch das Druckwasser-Ausstoßsystem für Torpedos von HDW, das ursprünglich von der MaK entwickelt wurde, deren Torpedorohrfertigung HDW übernommen und weiterentwickelt hatte. Dabei verlässt der Torpedo das Rohr nicht mit dem eigenen Antrieb, sondern wird mit Hilfe hohen Wasserdrucks und hoher Geschwindigkeit ausgestoßen. So beginnt er erst deutlich vom Boot entfernt mit dem Start seines Motors. Daher kann man über die Geräuschentwicklung des Torpedos das abfeuernde Boot nicht mehr orten. Bei allen übrigen bekannten Ausstoßsystemen beginnt der Torpedo bereits im Rohr zu laufen und schwimmt aus eigener Kraft aus. Dort erzeugt seine Schraube erhebliche Geräusche, die Rückschlüsse auf den Standort des Bootes erlauben. Zudem bietet das Ausstoßsystem erhebliche Vorteile beim Abschuss von Torpedos im flachen Wasser.

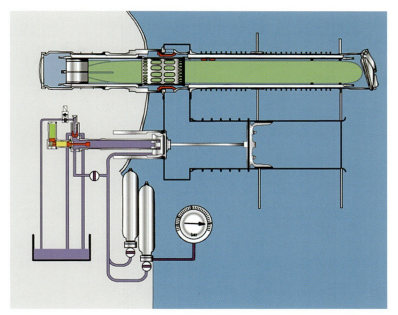

Das Druckwasser-Ausstoß-System für Torpedos, wie es auf der U-Boot-Klasse 212A vrerwendet wird. (Grafik HDW)

GERÄUSCHMINIMIERUNG

Die Konstrukteure haben alles unternommen, um die Geräuschabstrahlungen zu verringern. Das umfasst abgestrahlten Lärm, Magnetismus, Radar, Infrarot (Wärmeabstrahlung) – alles bis auf das äußerst Mögliche reduziert. Heute strahlen diese U-Boote, wie schon vorher geschrieben, weniger Energie ab, als eine einzige LED! Besonderen Wert haben die Ingenieure darauf gelegt, das Boot extrem leise zu machen. So haben sie alles daran gesetzt, jedes Geräusch zu unterbinden, das sich aus dem Betrieb und der Fahrt durchs Wasser ergibt. Es geht also darum, den Antrieb und die Ausrüstung leise zu machen. Dafür kommen elastische Lagerungen für die Maschinen, alle Geräte und Module, Rohrleitungen und Kabel zum Einsatz. Alle Luken erhalten Rahmen und schließlich ist der Rumpf geschlossen gestaltet, um Fahrgeräusche zu vermeiden.

Alle diese Maßnahmen verringern die Geräuschabstrahlung auf ein kaum zu entdeckendes Minimum, und zugleich helfen sie, die Reichweite des bootseigenen Sonars zu vergrößern und zugleich das Risiko der Entdeckung zu verringern. Der kritische Punkt für die Entdeckung des Bootes durch das Sonar eines Gegners ist das Signal, das das U-Boot dabei abgibt. Es geht also darum, die Signalstärke des Bootes so gering wie möglich zu gestalten. Hier kommt es besonders auf die Formgebung des Rumpfes an. Aber auch die Verringerung von „Reflexionseffekten" innerhalb des U-Boots und die Anwendung von speziellen Materialien an der äußeren U-Boot-Oberfläche, die Sonarstrahlen absorbieren, sind wichtig. Im Fall der HDW-Klasse 212 ist die Formgebung nicht nur mit Hinblick auf gute hydrodynamische Werte, sondern auch auf die Signalstärke des Bootes optimiert worden.[3]

Um die Geräuschbildung möglichst gering zu halten. haben die neuen U-Boote eine extrem glatte und strömungsgünstige Oberfläche erhalten. Alle Luken und Durchbrüche, die nach außen führen, können mit Klappen verschlossen werden. Unter den Aufbauten über dem Druckkörper verbergen sich die Sauerstofftanks, die Hybridzylinder, Tankanschlüsse für Wasserstoff und Sauerstoff, Winden, Spills, Täuschkörpervorrichtungen und weitere Einrichtungen. Hinzukommt, dass diese Formgebung das

Boot auch gegen Sonarortung besser schützt. Ein Novum: Alle Aufbauten außerhalb des Druckkörpers werden aus Kunststoff hergestellt. Zu diesem Zweck hat HDW eine eigene hochmoderne Kunststoff-Fertigung eingerichtet, in der die einzelnen Segmente hergestellt werden. Mit der Kunststoff-Technologie lassen sich alle Teile sauberer und glatter herstellen, als es mit Stahl nur unter sehr hohen Kosten möglich wäre. Da alle Aufbauten beim Tauchen vom Seewasser durchspült werden, muss nicht befürchtet werden, dass sie in großen Tiefen vom Wasserdruck zerquetscht werden.

Allerdings wurde das Boot länger. Denn das IKL ging davon aus, dass der außenluftunabhängige Antrieb zusätzliches Gewicht und Volumen benötigte. Die Elektronik für die neue Waffen- und Führungstechnologie, die Automatisation und der zusätzliche Aufwand für Energie und Kühlung beanspruchten mehr Fläche und Raum und schließlich sollte auch die Besatzung endlich auch komfortabler untergebracht werden. Das „Prinzip der warmen Koje", bei dem sich zwei Mann eine Koje teilen, sollte Vergangenheit werden. Nun gab es im Vorschiff mehr Platz für 28 Mann Besatzung, die nicht nur jeder eine eigene Koje besitzen, sondern auch in getrennten Räumen essen können würden. Apropos Essen: Für die Besatzung sorgt an Bord ein Smutje in einer ultramodernen Kombüse, die jede Hausfrau vor Neid erblassen lässt. Und zum ersten Mal seit der Kaiserlichen Marine ist eine echte Dusche an Bord vorgesehen. Damit haben sich bei dem neuen Boot die Lebensbedingungen an Bord entscheidend verbessert.

Unter der strömungs- und geräuschoptimierten GFK-Außenhülle des U-Boots (hier HDW-Klasse 212 A) verbergen sich hinter Klappen das Ankergeschirr, Festmachpoller, abnehmbare Relingsstützen und weitere Einrichtungen. (YPS Peter Neumann)

U-Boot Klasse 212A wird Wirklichkeit

Endlich war das neue U-Boot auf dem besten Weg, realisiert zu werden. Lange genug hatte es ja gedauert, und die unterschiedlichen Planungen, Wirren und Irrungen hatten endlich den geraden Pfad gefunden, der zu der neuen U-Boot- Klasse führte. Nun war der Weg das Ziel. Aber er war immer noch lang genug. Um das Boot nun wirklich und zügig zu realisieren, hatte das IKL 1987 den Entwicklungsauftrag für die Klasse 212 erhalten, von der sechs Boote gebaut werden sollten. Im gleichen Jahr bildeten die beiden U-Boot-Werften HDW als Leitwerft und TNSW auf Wunsch des Verteidigungsministeriums eine Arbeitsgemeinschaft, die „Arge 212". Sie sollte im Auftrag des BWB die Konzept- und Definitionsarbeiten übernehmen und Unteraufträge an das IKL und die Industriepartner vergeben. Den Löwenanteil erhielt das IKL, das die Definitions- und Konstruktionsarbeiten übernahm. Die übrigen Aufträge gingen an die Industrieunternehmen, vor allem an Siemens, MTU, Kongsberg Defence & Aerospace AS, Gabler Maschinenbau, STN Atlas Elektronik und auch an Zeiss Optronic. Die Arge hatte dabei die Aufgabe, Preise zu ermitteln, Termine zu koordinieren und sich um Logistik, Dokumentation und Bauplanungen zu kümmern.

Danach folgten mehrere Entwurfsschleifen, ein Modell der Operationszentrale wurde gebaut und für gut befunden und nach Abschluss der Definitionsphase und Übergabe der Definitionsunterlagen sollten die Bauverträge mit HDW und den Thyssen Nordseewerken (TNSW) eigentlich im Frühjahr 1991 unterzeichnet und das erste Boot 1995 abgeliefert werden. Inzwischen war die Zahl der gewünschten U-Boote der neuen Klasse sogar erhöht worden. Denn einem ersten Los von sechs Booten sollte ein zweites Los mit noch einmal sechs U-Booten folgen. So die Planungen im Jahr 1990. Doch es kam anders. Mit dem Zusammenbruch der UdSSR im Jahr 1991 hatte sich die weltpolitische Bühne vollkommen verändert und anscheinend war ein Zeitalter der Entspannung angebrochen. Augenfällig wurde das den Kieler U-Boot-Bauern vorgeführt, als fleißige Seeleute der russischen Fähre ANNA KARENINA, die den Liniendienst zwischen Kiel und Leningrad versah, direkt gegenüber der Werft den alten Namen des Heimathafen, Leningrad, überpinselten und sehr zur Freude der Kieler stolz St. Petersburg ans Heck schrieben.

Die Konsequenzen für die U-Boot-Werften waren allerdings schmerzhaft. Denn der sehnlichst erwartete Auftrag kam nicht und zögerte sich immer wieder hinaus. Denn plötzlich war für die Politik der Auftrag nicht mehr so dringlich geworden und die beachtlichen Kosten für das Bauprogramm waren angesichts der immensen Kosten der deutschen Wiedervereinigung auch ein Grund für die Verzögerung. Das bereitete den Vorstandsetagen der beiden

Rumpfoptimierung: Schleppmodell der Klasse 212 in der HSVA. (YPS Peter Neumann)

Werften wenig Freude, selbst wenn ein schon verloren geglaubter Auftrag zum Bau von drei U-Booten der DOLPHIN-Klasse für Israel doch noch an beide Werften vergeben wurde. Er hatte zudem den Vorteil, dass an den israelischen Booten Komponenten, die auch für die Klasse 212 vorgesehen waren, schon getestet werden konnten. Derweil setzte hinter den Kulissen emsige Betriebsamkeit ein, den Auftrag für das Bundesmarine U-Boot doch noch zu realisieren. Das hatte schließlich Erfolg, und am 6. Juli 1994 konnte der Auftrag mit einem Volumen von 2,6 Milliarden DM über ein erstes Los von vier U-Booten der Klasse 212, je zwei an HDW und zwei an TNSW, verkündet werden. Zugleich eröffnete er die Aussicht auf ein weiteres Los, das aber noch in weiter Ferne lag.

Für das IKL aber begannen schwierige Zeiten, weil dort jetzt die Entwicklungsaufträge fehlten. So segelten die Lübecker ab 1993 in den sicheren Kieler Hafen von HDW. 1994 besaß die Kieler Werft alle Anteile an dem renommierten Entwicklungsbüro, und 1997 wurde das IKL im Handelsregister gelöscht. In Kiel waren die tüchtigen Mitarbeiter des IKL willkommen, denn die unschätzbaren Erfahrungen des Ingenieurbüros stärken natürlich die Fähigkeiten von HDW, und zudem hatte in Kiel niemand Interesse daran, sie – etwa an die französische Konkurrenz – zu verlieren.

Am 1. Juli 1998 begann der Bau des ersten Bootes. Bundesverteidigungsminister Volker Rühe drückte persönlich den Knopf, mit dem die Spantenschweißmaschine für die erste Sektion in Gang gesetzt wurde. Inzwischen war aus der Klasse 212 die HDW-Klasse 212A geworden, denn die Italienische Marine hatte sich dem Bauprogramm angeschlossen. Das erforderte eine weitere Überarbeitung des Entwurfs, der vor allem nach den Wünschen der italienischen Marine tiefer tauchen konnte. Dem schloss sich die Deutsche Marine an. Und so gab es nie eine Klasse 212. Den Bau der italienischen Boote übernahm die Werft Fincantieri in La Spezia. Die Brennstoffzellen-Anlage und die Vorschiffssektion mit den Torpedorohren liefert jedoch HDW direkt zu. Die italienische Marine hatte zunächst zwei Boote bestellt und baut nun zwei weitere.

Am 20. März 2002 konnte Bärbel Kaempf, die Frau des Hauptabteilungsleiters Rüstung im BMVg, Ministerialdirektor Dr. Jörg Kaempf, bei HDW in Kiel das erste Boot der Klasse 212A auf den Namen U 31 taufen. In seiner Taufrede unterstrich der stellvertretende Vorstandsvorsitzende von HDW, Hannfried Haun, dass mit der Entscheidung für den Einsatz der Brennstoffzelle im U-Boot-Bau der Grundstein für die langfristige Beschäftigung von HDW gelegt worden sei. Und: Vom U-Boot-Bau bei HDW profitierten darüber hinaus zahlreiche Zulieferbetriebe in ganz Deutschland. Die Taufe von U 31 war ein Meilenstein auf dem Weg zur Indienststellung im Oktober 2005. Danach begannen die umfangreichen Hafen- und See-Erprobungen. Tatsächlich aber hatten Tests ab Januar 2002 längst begonnen. Die Anforderungen der deutschen Marine an Außenluftunabhängigkeit, extrem niedrige Signaturen und hochentwickelte Waffen- und Sensor-Systeme hatten zu einem hohen Grad von Integration geführt. Die klassische Einteilung in Plattform und „payload" galt nicht mehr – vielmehr musste das System als Ganzes betrachtet werden – eine Herausforderung für die Werften und ihre Zulieferer.

Besondere Sorgfalt galt natürlich den neu entwickelten Komponenten für

Taufe von U 31 am 20. März 2002. (YPS Peter Neumann)

das Boot. Fragen über Fragen, die in diesem Zusammenhang auftraten, ließen sich zufriedenstellend nicht allein durch theoretische Überlegungen beantworten. So erlaubten zwei voll integrierte Landtest-Anlagen – die Brennstoffzellen-Testanlage bei HDW in Kiel und das Command and Weapon Control System CWCS schon praxisorientierte Antworten, bevor das Schiff überhaupt schwamm. Das sparte Zeit und damit Geld.

Am 20. April 2002 begann für das Jung-U-Boot der Ernst des Lebens. Das Schiff „ging zu Bach", und die praktische Erprobung begann in vollem Umfang. Schon seit Anfang 2002 – noch unter Dach und Fach in der U-Boot-Halle von HDW – hatte die Integration und Inbetriebnahme der einzelnen Anlagen begonnen. Das setzte sich nahtlos an der Pier von HDW fort. Dort sollte die Werft den „Funktionsnachweis Hafen" erbringen. Es ging darum zu zeigen, dass alle Anlagen nicht nur einzeln für sich, sondern auch im Zusammenspiel klaglos funktionieren. Und natürlich mussten sie auch die strengen Prüfspezifikationen erfüllen.

Dies war Anfang 2003 beendet. Solange lag U 31 fest im Hafen. In dieser Zeit wurde auch die erste Besatzung vier Wochen lang im werfteigenen „Naval Training Centre" von HDW und an Bord in das Schiff eingewiesen. Denn für die künftigen See-Erprobungen stellte die Deutsche Marine die Fahrmannschaft. Ab dem 7. April 2003 begann von Kiel aus in der westlichen Ostsee die Flachwassererprobung. Auf dem Prüfstand standen die gesamte Schiffstechnik und die Operation. Neben der Besatzung fuhren nicht nur Mitarbeiter der Werften, sondern auch der Zulieferer und nicht zuletzt das Abnahmepersonal des BWB mit. Es wurde also eng im Boot.

Der zweite große Block war die Tiefwassererprobung. Ende Juli 2003 verließ U 31 zum ersten Mal die heimischen Gewässer mit Ziel Norwegen. Hauptstationen waren Kristiansand, Stavanger und Bergen. Dort gab die norwegische Marine mit ihren Einrichtungen den deutschen Kameraden Hilfestellung. Bei den Tieftaucherprobungen – vorzugsweise im Skagerrak – standen Akustik, Sonar und Feuerleitanlage (FüWES) auf dem Prüfstand. Und: U 31 verschoss die ersten Übungs-Torpedos.

Doch nicht alles verlief nach Plan. Ende März sollte das Boot abgeliefert werden. Tatsächlich konnte die Deutsche Marine U 31 zusammen mit U 32 aber erst am 19. Oktober 2005 in Dienst stellen. Das hat niemanden gewundert. Denn das in jeder Beziehung neuartige Boot bedeutete einen revolutionären Schritt im U-Boot-Bau. Und so trat während der gründlichen Erprobung des ersten Bootes eine Reihe von Problemen auf, die unvorhersehbar waren und gelöst werden mussten. Das aber kam den Folgebooten zugute.

Zu den unvorhersehbaren Problemen zählten auch solche, die alles andere als technischer Natur waren. Als U 31 zur Tiefwasser-Erprobung in Kristiansand in einem extra von HDW angemieteten Hafengelände lag, berichtete die norwegische Presse von Gerüchten, nach dem das deutsche U-Boot in Wahrheit von einem Atomreaktor angetrieben sei. Und so wurde es ungemütlich. Erst nachdem sich norwegische Journalisten bei einer extra angesetzten Pressekonferenz davon überzeugen konnten, dass U 31 aufgrund seiner Brennstoffzelle eigentlich ausgesprochen umweltfreundlich war, wendete sich das Blatt zu Begeisterung und Staunen über die neue Technologie.

Erprobung von U 31: Abwinschmanöver in der Eckernförder Bucht. (YPS Peter Neumann)

HDW-KLASSE 212A – DIE NEUE GENERATION VON U-BOOTEN

U 31 vor Laboe. (YPS Peter Neumann)

Als „ultimatives Unterwasser-Waffensystem" feierten die „Naval Forces" 1995 die neue U-Boot-Klasse, die damals noch 212 hieß:

„Dieses U-Boot kann aus einer heimlichen Position Schiffe entdecken und identifizieren und Torpedos abschießen, lange bevor der Gegner erkannt hat, was eigentlich vorgeht. Auf der Basis eines breiten Einsatzprofils und mit Hinblick auf mögliche künftige Bedrohungen konzentriert sich der Entwurf auf drei Hauptmerkmale: insgesamt geringe Signaturen, verlängerte Unterwasser-Ausdauer durch AIP, effektive Sensoren und das Waffensystem."[1]

Tatsächlich markiert diese neue revolutionäre U-Boot-Klasse den Beginn einer Generation von U-Booten, die die Lücke zwischen dem konventionellen dieselelektrischen und dem Nuklear-Antrieb schließen und sich in ihrem Entwurf von allen Vorgängern unterscheiden.

HAUPTDATEN DER HDW-KLASSE 212A (1. LOS)

HAUPTAUFGABEN

▶ Eigenständig, weitgehend unentdeckbare, langanhaltende Präsenz im Operationsgebiet ohne regionale Einschränkung.

▶ Unentdecktes Aufklären und Überwachen auch von solchen Seegebieten, in denen andere Seestreitkräfte nicht eingesetzt werden können oder sollen.

▶ Binden gegnerischer Seestreitkräfte.

▶ Sichern von Seegebieten und Schlüsselpositionen gegen Angriffe gegnerischer Überwasser- und Unterwasser-Seestreitkräfte sowie Verwehren der ungehinderten gegnerischen Nutzung von Seegebieten und Seeverbindungslinien.

SCHLÜSSELTECHNOLOGIEN AUF HDW-U-BOOTEN

Brennstoffzellenantrieb	Siemens, HDW
PERMASYN®-Motor	Siemens
Sonar-System	ATLAS ELEKTRONIK
Optische Systeme	Carl Zeiss Optronics
Torpedo-Waffensysteme	ATLAS ELEKTRONIK, HDW
Torpedo Abwehrsysteme	Whitehead Alenia Sistemi Subacquei
Helikopter Abwehr (IDAS)	Diehl BGT Defence

ALLGEMEINE BOOTSDATEN

Länge über alles	ca. 65 m
Höhe über Zentralaufbau	ca. 11,5 m
Durchmesser	max. ca. 7 m
Verdrängung aufgetaucht	ca. 1.450 t
Verdrängung getaucht	ca. 1.830 t
Tauchtiefe	etwa 400 m
Besatzung	28 Mann
Druckkörper	amagnetischer Stahl
FÜWES (Führungs- und Waffeneinsatzsystem)	Kongsberg

ANTRIEBSANLAGE[3]

Fahrmotor (PERMASYN® Motor)	1.700 kW
Brennstoffzellenanlage	9 Module à 34 kW
Dieselgenerator	MTU 16V365 mit Piller-Generator 1.050 kW
Fahrbatterie	Hawker/VARTA
Geräuscharmer 7-flügliger Skew-Back-Propeller	
Geschwindigkeit aufgetaucht	max. 12 Kn
Geschwindigkeit getaucht	max. 20 Kn

U 31 bei Marschfahrt. (YPS Peter Neumann)

Verdeckt aufklären und kommunizieren: Seerohr, Schnorchel und Fernmeldemast mit UHF/VHF (von links) – HDW-Klasse 212A. (YPS Peter Neumann)

BEWAFFNUNG

6 x 533 mm Torpedorohre mit Druckwasser-Ausstoß

INTEGRIERTE SONARANLAGE

DBQS 90 FTC (ATLAS ELEKTRONIK) mit Passiv Sonar (Passiv Ranging Sonar PRS), Entfernungsmessanlage, Intercept Sonar (CIA), Flank Array Sonar (FAS), Towed Array Sonar (TAS), Minenmeidesonar (Mine Avoidance System MAS), Eigengeräuschmessanlage (Own Noise Monitoring System ONA)

SEHROHR-ANLAGEN

Beobachtungssehrohr SERO 14 mit Wärmebilderkennung (Carl Zeiss Optronics), Angriffs-Sehrohr SERO 15 mit Laser-Entfernungsmesser (Carl Zeiss Optronics)

INTEGRIERTE FUNKNACHRICHTENANLAGE

HF, VHF, UHF, VLF, INMARSAT-C, UHF-SATCOM, GMDSS (Global Maritime Distress and Safety System)

NAVIGATIONSSYSTEM

Trägheitsnavigationsplattform (LITEF), Kurs- und Lagereferenzsystem

Elektromagnetisches Log, Navigationsradar (Kelvin Hughes ELNA), Echolot, GPS, AIS

AUSFAHRMASTE

Schnorchel- und Radarausfahrmast (Riva Calzoni)

FM Ausfahrmaste (Gabler Maschinenbau)

DAS FÜHRUNGS- UND WAFFENEINSATZSYSTEM (FÜWES)[4]

Das Führungs- und Waffensatzsystem der HDW Klasse 212A (1. Los) besteht im Wesentlichen aus der Basis-FüWES, der integrierten Sonaranlage und der Sehrohranlage. Die Basis-FüWES wurde bei Kongsberg in Norwegen aufgrund des Abkommens aus dem Jahr 1983 entwickelt und verbindet die Sensoren (Sonar, Navigation, Elektronische Unterstützungsmaßnahmen, Sehrohranlagen) über einen Datenbus mit den Effektoren (Torpedoanlage) und der Schiffstechnik (ILLU – Integrierter Lenk- und Leitstand).

Die integrierte Sonaranlage DBQS 40 besitzt tief- und mittelfrequente Ortungsfunktionen über das Towed Array Sonar, das Flank Array Sonar, das Passiv Sonar, die Entfernungsmessanlage, das Intercept Sonar, das Minenmeidesonar und die Eigengeräuschmessanlage. Den dritten Bestandteil bildet die Sehrohranlage mit dem Angriffssehrohr SERO 15 mit optischem und Laser-Entfernungsmesser und dem Beobachtungssehrohr SERO 14 mit optischem Entfernungsmesser, Wärmebilddarstellung (IR) und kombinierter EloUm (Elektronische Unterstützungsmaßnahmen) mit GPS Antenne.

DIE INTEGRIERTE SONARANLAGE DBQS 40

Diese Anlage macht Ortungen im mittleren und tiefen Frequenzbereich möglich. Die Ergebnisse der Detektion werden auf drei Konsolen mit hochauflösenden Farbrasterdisplays dargestellt. Neben der grafischen Darstellung der Zielspektren und -parameter sowie des Anlagestatus können die Bediener Zielgeräusche über einen Audiokanal abhören und über einen elektronischen Ringspeicher (Audio Analyse) auswerten. Die Bedingungen für die Ausbreitung des Schalls können ermittelt und dargestellt werden.

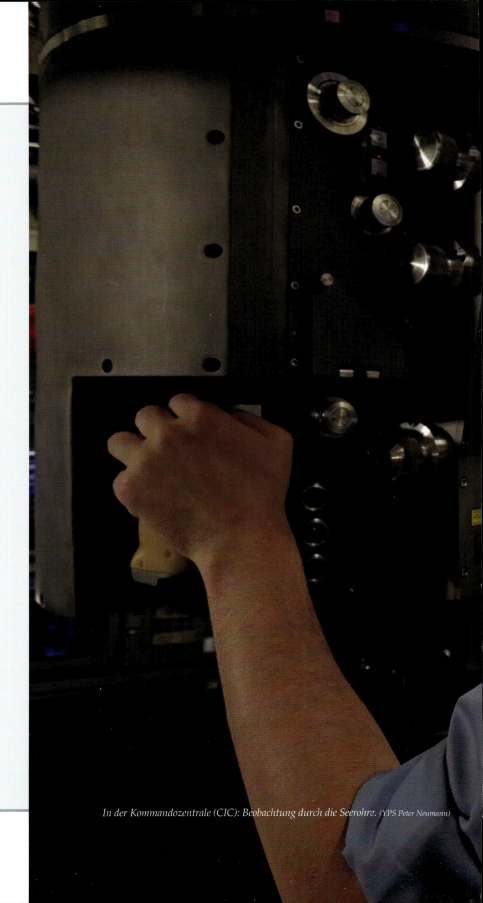

In der Kommandozentrale (CIC): Beobachtung durch die Seerohre. (YPS Peter Neumann)

Außen am Druckkörper des Bootes angebrachte Hydrophone und Körperschallaufnehmer im Inneren überwachen den eigenen Störpegel des U-Boots.

ILLU (INTEGRIERTER LENK- UND LEITSTAND U-BOOT)

Obwohl die Antriebs-, E- und Schiffsbetriebsanlagen des Bootes außerordentlich umfangreich und komplex ausgefallen sind, bedarf es dank eines hohen Grades an Automatisierung nur weniger Personen, um sie zu bedienen. Die Automatisierungsanlage ILLU umfasst neben der Lenkung des Bootes in allen Fahrtzuständen auch die Steuerung bzw. Regelung und die Überwachung von rund 50 Geräten und Anlagen im Bereich der Schiffstechnik.

Die Bedienung und die Überwachung erfolgen dabei zentral von zwei Einmannkonsolen, dem Lenkstand und dem Schiffstechnischen Leitstand. Die eigentlichen Automatisierungseinrichtungen sind dezentral in sogenannten Unterstationen in der Nähe der betreffenden Anlagen und Geräte untergebracht. Die Kommunikation zwischen den ILLU-Komponenten (Konsolen und Unterstationen) erfolgt über einen redundanten Datenbus.

Die Automation macht den U-Boot-Fahrern das Leben leichter, weil sie sie erheblich entlastet. Bei Berichten über ihren Dienst und ihre Fahrten ist gerade das immer wieder ein Thema. Zugleich gelingt es so, die Besatzungsstärke gering zu halten.

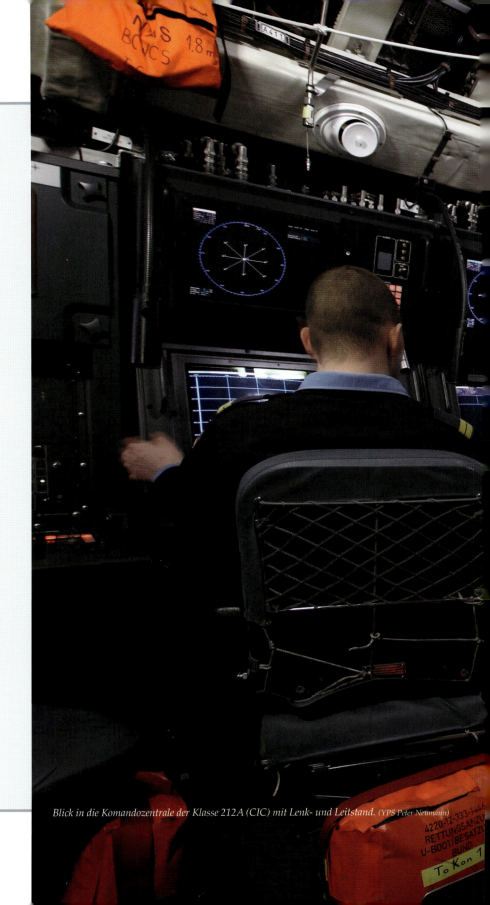

Blick in die Komandozentrale der Klasse 212A (CIC) mit Lenk- und Leitstand. (YPS Peter Neumann)

HDW-KLASSE 212A – ZWEITES LOS

Zwar gab der gab der deutsche Verteidigungshaushalt ein zweites Los der Klasse 212A mit vier weiteren Booten, das ursprünglich angedacht war, nicht her. Auf lange Sicht benötigte die Deutsche Marine sogar zwölf Boote, um ihre Einsatzaufgaben erfüllen und ihre alten Boote ersetzen zu können. Das allerdings sind nur Pläne geblieben. Heute glaubt das neue Rüstungskonzept, das im Zuge der Neuausrichtung der Bundeswehr im Jahr 2011 hastig beschlossen wurde, mit nur sechs Booten auskommen zu können. Immerhin gab das Bundesamt für Wehrtechnik und Beschaffung nach einigem Tauziehen im Jahr 2006 zwei weitere Boote in Auftrag. Auch die italienische Marine bestellte zwei weitere Boote, die im Gegensatz zu den neuen deutschen Booten kaum Veränderungen aufweisen.

Die beiden neuen Boote des zweiten Loses weisen dagegen starke Veränderungen auf. Zwar sind sie schiffbaulich kaum verändert, außer einer Verlängerung um etwa 2 Meter. Und natürlich bleibt es beim dem Brennstoffzellen-Antrieb. Aber der technische Fortschritt ist während des Baus der ersten Boote deutlich vorangeschritten, und die Einsatz-Szenarios haben sich verändert. Daran sind die neuen Boote angepasst worden, so dass sie noch effektiver geworden sind und integraler Bestandteil einer Vernetzten Operationsführung sein werden. Die Veränderungen umfassen:[5]

- den Einbau eines Kommunikationssystems zur Vernetzten Operationsführung,
- den Einbau eines integrierten deutschen Sensor-, Führungs- und Waffeneinsatzsystems,
- den Ersatz des Flank Array durch eine flächenhafte Seitenantenne,
- den Ersatz eines Sehrohrs durch einen Optronikmast,

U 35 – 2. Los 212A – läuft in Kiel mit Begleitschiff zur Erprobung auf der Ostsee aus. (YPS Peter Neumann)

U 35 auf Testfahrt vor der schleswig-holsteinischen Küste. (YPS Peter Neumann)

- den Einbau eines Fernmeldemastes mit schleppbarer Funkboje für die Kommunikation vom tiefgetauchten U-Boot (CALLISTO: geplant / im Entwicklung)),
- die Integration einer Schleuse für den Einsatz der Sondereinsatzkräfte Marine (SKM) und
- die Tropikalisierung.

Damit sind die neuen Boote weit besser als die Boote des ersten Loses für den weltweiten Einsatz gerüstet. In Planung und Erprobung befindet sich ein Fernmeldemast, von dem eine Fernmelde-Schleppboje mit SHF-Satcom-Antenne aus dem getauchten Boot an die Wasseroberfläche aufsteigen und es in die Vernetzte Operationsführung einbinden soll. Dies neuartige System bereitet zur Zeit wegen seiner Komplexität noch Probleme. Darüber hinaus gehören der taktische Datenlink der NATO „Link 11/16" und IFF (Freund-Feind Erkennung) zur Kommunikations-Ausstattung.

Anstelle des norwegischen FüWES der Boote des ersten Loses kommt nun das neue FüWES ISUS 90 von ATLAS ELEKTRONIK an Bord. Es integriert auf acht Konsolen die akustischen mit den optischen und elektronischen Sensoren und erlaubt so Führung und Lenkung des U-Boot-Systems wie auch die Steuerung von weitreichenden drahtgelenkten Torpedos und Flugkörpern. Zum ersten Mal kommt hier eine flächenhafte Seitenantenne anstelle des Flank Array zum Einsatz. Sie ist leistungsfähiger und kann zudem Entfernungen (Advanced ranging Sonar, ARS) messen. Damit ist sie den heute gebräuchlichen Systemen überlegen.

Für den Scharfblick aus dem Boot sorgt ein neues Optronicsystem von Carl Zeiss Optronics. Bereits das Optronicsystem des ersten

Bootes U 31 mit den Sehrohren SERO 14 und SERO 15 hat, so der damalige Kommandant, bei seinen amerikanischen Kollegen blasses Neid ausgelöst. So etwas hätten sie auch gern gehabt. Mit dem Sehrohr SERO 400 und dem Optronicmast OMS 100 haben die Oberkochener weitere Verbesserungen eingeführt. Eine akkugepufferte Notfunktion im SERO 400 ermöglicht eine prinzipielle Beobachtung bei Stromausfall. So lassen sich die optischen Komponenten weiterhin elektrisch ansteuern und einstellen.

Zusätzlich ersetzt ein Faserkreisel den bisherigen mechanischen Kreisel. Ohne vom Sonar wahrgenommen zu werden, startet er unter Wasser lautlos die Stabilisierung des Periskop- und Optronikmastsystems. Weiterhin minimiert die nicht-magnetische Bauweise des SERO 400 und des OMS 100 die Wahrscheinlichkeit, durch Überwasserschiffe entdeckt zu werden.[6]

Der Grund für die Verlängerung des Bootes ist der Einbau einer Schleuse für Marine-Spezialkräfte in den Turm, der um drei Spantenfelder verlängert worden ist. Der Tauchereinstieg fasst bis zu vier Mann. Zudem werden die Boote mit druckfesten Behältern ausgerüstet, in denen Material der Spezialkräfte transportiert werden kann.

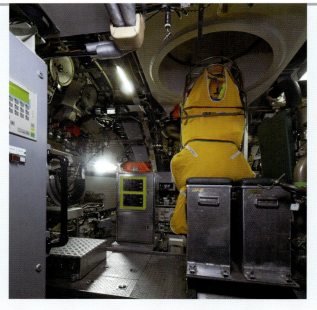

U 35: Das neue Beladungsluk im Achterschiff ermöglicht schnelle Krankentransporte auf einem Spezial-Stretcher.

(YPS Peter Neumann)

Zur Fähigkeit, weltweit zu operieren, tragen die Tropikalisierung und die Erhöhung der Bunkerkapazität bei. Tropikalisierung bedeutet, dass die Boote für den Einsatz in tropischen Gewässern besser geeignet sind als ihre Vorgänger. Jetzt sorgen verbesserte Klimaanlagen und Umluftkühlsysteme für erträgliche Temperaturen im Boot, und die Isolierung des Druckkörpers besteht aus neuem, besserem Material. Und um die Reichweite der Boote zu erhöhen, gibt es größere Tanks für den Treibstoff.

Damit sind die Boote auf der Höhe der Zeit und ihr teilweise sogar voraus. Und sie sind auf die Zukunft vorbereitet. Denn sie sind für Nachrüstungen – etwa mit Towed Array Sonar oder Torpedoabwehr U-Boot – vorbereitet. Vor allem aber auch auf den Lenkflugkörper IDAS, der dem U-Boot die Möglichkeit geben wird, sich gegen Bedrohungen aus der Luft durch U-Jagd-Hubschrauber oder auf See durch U-Jagdschiffe effektiv zur Wehr zu setzen. Sogar die Bekämpfung von Landzielen wird mit Einschränkungen möglich sein.

Rechts: Der strömungsgüsnstige Aufbau aus der TKMS-GFK-Fertigung reduziert die Fahrtgeräusche auf ein Minimum. (YPS Peter Neumann)

Rundgang durch U 35 – HDW-Klasse 212A/2. Los. Oben: Das Oberdeck mit Blick ins Vorschiff. Hier scheint das Tageslicht aus dem Einstiegsluk in den Durchgang. Unten: Hinter der OPZ geht es vorbei an der Schnorchelansaugeinrichtung und dem Abgasauslaß der MTU-Diesel in den Maschinenraum (rechts). (YPS Peter Neumann)

HDW-Klasse 212A – Mehr Komfort als früher auf U-Booten. Mannschaftsmesse (oben), High-Tech Kombüse (unten links), Duschkabine und WC (unten rechts). Rechte Abbildung: Offizierskabine mit zwei Kojen und Arbeitsplatz. (YPS Peter Neumann)

HDW Klasse 214 – Brennstoffzellen-Boote für die Welt

Die neuen Brennstoffzellen der Deutschen Marine machten international Furore. Doch dabei blieb es nicht. Denn schon auf den internationalen U-Boot-Konferenzen SubCon '95 und SubCon '99 wurde mehr als deutlich, dass auch ausländische Marinen nicht nur Interesse zeigten, sondern die Anschaffung derartiger Boote auch ernsthaft in Erwägung zogen. Nicht zuletzt war es ein schlagendes Argument, dass HDW als einzige Werft der Welt einen serienreifen Brennstoffzellen-Antrieb anbieten konnte. Daher war es nur ein logischer Schritt, diesen Antrieb auch für den Export anzubieten. Und so entstand bei HDW die U-Boot-Klasse 214 – „designed for the world".

Das waren auch die U-Boote der international erfolgreichen Klasse 209, von der Anfang des neuen Jahrtausends bereits mehr als 60 Exemplare ihren Dienst in Marinen auf vier Kontinenten versahen. Und so ist diese Klasse auch einer der Grundpfeiler für die neue Konstruktion. Der andere ist die Klasse 212A. Das brachte HDW auf die simple Formel: U214 = U209 + U212A.

Das Resultat ist ein außenluftunabhängig angetriebenes, nicht-nukleares Tiefwasser-U-Boot mit außergewöhnlichen U-Boot-Abwehr-Fähigkeiten, vergleichbar geringer Verdrängung, extrem guten Tarnkappen-Eigenschaften und einem hohen Anteil an „payload" für Waffensysteme und Sensoren: Ein neues und modernes Konzept für die maritime Kampfführung als Antwort auf die weltweiten aktuellen Bedrohungs-Szenarios in küstennahen Gewässern, wie Terrorismus, asymmetrische Kampfführung, nationale Konflikte, organisiertes Verbrechen bis hin zur Piraterie.

Tatsächlich aber ist die HDW-Klasse 214 mehr als nur die Summe von U 209 und U 212A. Denn ihre Fähigkeiten und Möglichkeiten übertreffen beide Klassen bei weitem. Signifikant größer ist die Ausdauer unter Wasser, noch geringer sind die akustischen, thermischen und magnetischen Signaturen, die Tauchtiefe ist größer, und das Boot ist kampfkräftiger. Damit schlug diese Neukonstruktion wiederum ein neues Kapitel im deutschen U-Boot-Bau auf.

Das griechische Abenteuer: Für den Bau der Boote für die griechische Marine errichtet HDW in Skaramanga bei Hellenic Shipyards eine hochmoderne U-Boot-Produktion. (YPS Peter Neumann)

Und es ist ein erfolgreiches geworden. Vielleicht mit einem etwas mühsamen Beginn. Denn der erste Kunde war wieder die griechische Marine, die am 15. Februar 2000 drei Boote bestellte. Das bezeichnete HDW seinerzeit als großen Durchbruch. Das erste Boot sollte in Kiel gebaut werden und die beiden weiteren würde die griechische Werft Hellenic Shipyards in Skaramanga bei Athen unter ihre Fittiche nehmen. Im Gegenzug verpflichtete sich HDW, die griechische Werft zu einer modernen U-Boot-Werft auszubauen. Das klang gut. Und als HDW im Jahr 2002 Hellenic Shipyards übernahm orderte die griechische Marine noch ein weiteres Boot. Tatsächlich wurde die neue und hochmoderne U-Boot-Fertigung in Skaramanga ein Schmuckstück. HDW machte mit einer beträchtlichen Investitionssumme aus einer heruntergekommenen Werft ein ansehnliches Unternehmen.

Das beeindruckte allerdings die Mitarbeiter der Werft nicht sonderlich. Zuvor waren sie als Mitarbeiter-Kooperative gemeinsam mit der staatseigenen ETBA-Bank Eigentümer der Werft gewesen und betrachteten sich nach dem Verkauf an die HDW-Gruppe auch weiterhin als die Hausherren. Das brachte eine Reihe von Unsäglichkeiten mit sich, die von Streiks bis hin zur Belagerung des Verwaltungsgebäudes und tätlichen Angriffen auf die neuen Vorstandsmitglieder gingen. Und niemand kann behaupten, dass sich die schließlich herbeigerufene griechische Polizei bei diesen Aktionen als Ordnungskraft rühmlich hervorgetan hätte. Nicht einmal Vermittlungsversuche der europäischen Metallarbeitergewerkschaft nahmen die griechischen Mitarbeiter an. Der damalige Generalsekretär der Vereinigung gab entnervt auf und konstatierte, dass mit den griechischen Kollegen einfach nicht zu reden sei.

Dabei blieb es nicht. Einmal abgesehen davon, dass die HDW-Gruppe sich gezwungen sah, wegen finanzieller Ungereimtheiten gegen die ETBA-Bank zu klagen, geriet schließlich auch das erste in Kiel für die griechische Marine gebaute U-Boot, PAPANIKOLIS, in die Schlagzeilen. Denn die griechische Marine wollte es lange Zeit nach Fertigstellung nicht abnehmen und daher auch nicht bezahlen. Angeblich hatte es Mängel. Dazu bemerkte allerdings die Fachpresse, dass in Wahrheit die Ebbe in der griechischen Staatskasse Schuld an der Misere war. So konnten die Kieler das Boot lange Zeit vor der Werft dümpeln sehen, bis es über fünf Jahre nach dem vorgesehenen Ablieferungstermin dann endlich doch bezahlt wurde und nach Griechenland entschwand. Da hatte die Bootsklasse ihre hohe Qualität – etwa bei der koreanischen Marine – längst bewiesen.

Tatsächlich hatten noch während der Bauzeit von PAPANIKOLIS mehrere Marinen Boote dieser U-Boot-Klasse bestellt. So die koreanische Marine, die türkische Marine, die portugiesische Marine, und im Dezember 2013 hat die Marine Singapurs ebenfalls zwei Boote bestellt. Nicht alle tragen die Bezeichnung 214. Denn die besonderen Wünsche der einzelnen Kunden führen zu Modifikationen, die eine andere Bezeichnung zur Folge haben. So heißt zum Beispiel die U-Boot-Klasse, die für Singapur bestimmt ist, HDW Klasse 218SG. Sie ist auf die besonderen Bedürfnisse der singapurianischen Marine ausgelegt. Bleibt also festzustellen: Der etwas unglückliche Anfang hat den Erfolgskurs der neuen Klasse nicht beeinträchtigt. Denn aus dem Auftrag für vier Boote für die griechische Marine wurden Orders über neun Boote für die Türkei, zwei Boote für Portugal und schließlich im Dezember 2013 erst einmal zwei Boote für Singapur.

Lange nicht bezahlt: PAPANIKOLIS - HDW-Klasse 214 für die griechische Marine. (YPS Peter Neumann)

PAPANIKOLIS in voller Fahrt – das erste Boot von vielen der HDW-Klasse 214. (YPS Peter Neumann)

DIE HERAUSFORDERUNG:
SYSTEMINTEGRATION UND MODULARISIERUNG

Von Anfang an haben die HDW-Konstrukteure auf zwei Pferde gesetzt, von denen man annehmen könnte, dass sie zusammen kein Gespann ergeben: Modulares Design und Systemintegration. Dies scheint auf den ersten Blick unvereinbar, denn je modularer ein System aufgebaut ist, desto schwieriger ist es, die einzelnen unterschiedlichen Module in ein einziges System zu integrieren.[1] Dies Dilemma zu lösen, ist aufgrund der langen Erfahrung der Konstrukteure und ihres Know-hows jedoch gelungen. Es ist auch unbedingt nötig, denn jede Kundenmarine stellt andere Ansprüche und ist unterschiedlich zahlungskräftig. Optionen wie das Täuschkörper-System CIRCE, eine Taucherschleuse oder ein Notanblas-System auf der Basis von Inertgas – das alles verlangt Flexibilität. Es kommt also darauf an, den Basis-Entwurf so zu gestalten und vorzubereiten, dass alle Optionen auch nach der Auslieferung noch gezogen werden können, zum Teil sogar sehr einfach. Daher ist die Klasse 214 so ausgelegt, dass künftige Entwicklungen der Waffentechnik, Sensoren, Elektronik oder Schiffstechnik auch nachträglich installiert werden können. Das sorgt für ein langes Leben der Boote.

Besondere Eigenheiten der Boote sind das Ergebnis der engen Zusammenarbeit der Werft mit ihren Zulieferern und auch den Ämtern. Die Boote können tiefer tauchen, weil die U-Boot-Stähle HY 80 und HY 100 in enger Zusammenarbeit mit Ämtern und Industrie optimiert werden konnten und Tauchtiefen über 400 Metern erlauben. Die Leistung des außenluftunabhängigen Antriebes erhöht eine von Siemens weiterentwickelte Brennstoffzelle mit 120 kW pro Modul, und das kostengünstiger. Umfangreiche Tanktests bei der Hamburgischen Schiffbau-Versuchsanstalt und der Hydronautics Research Inc. in Maryland, USA haben dazu geführt, dass die Form des Rumpfes hydrodynamisch weiter optimiert wurde und damit auch die Stealth-Eigenschaften. Ebenso fielen die Kavitationsgeräusche des extrem leisen Propellers noch geringer aus, als bei früheren Bootstypen. Schließlich war die Klasse 214 die erste, die bei HDW mit einem Torpedo-Täuschkörper-System und dem damals neuen ISUS 90 von ATLAS ELEKTRONIK ausgestattet wurde.

Dies alles zusammen führt zu einem Boot, das länger auf See bleiben kann. Die See-Ausdauer ist auf 50 Tage bei einer Crew von 30 Mann und 5 zusätzlichen Personen ausgelegt. Getaucht kann es während einer Mission Sprints von 16 bis 20 Knoten für einige Stunden hinlegen – und das mehrmals. Auf Patrouille und Abfangfahrt in getauchtem Zustand läuft das Boot zwischen 2 und 6 Knoten im Brennstoffzellenbetrieb. Abhängig vom mitgeführten Wasserstoff und Sauerstoff sind hier nach offiziellen Angaben Einsätze von etwa drei Wochen in tiefgetauchtem Zustand – also ohne den Einsatz des Schnorchels – möglich. Es deutet einiges darauf hin, dass diese Einsätze auch über einen längeren Zeitraum möglich sind. Also: Das Boot kann seinen Vorteil in der dritten Dimension voll ausspielen – ungesehen, ungehört, abgetaucht in unbekannte Tiefen. Gleichzeitig kann das Boot bei vollen Batterien über mehrere Stunden hinweg mit hoher Fahrt das Einsatzgebiet verlassen, wenn es notwendig ist. Und schließlich reicht ein voller Dieseltank bei einer Geschwindigkeit von 6 Knoten für eine Überwasserfahrt von etwa 12.000 Seemeilen.

Lange U-Boot-Fahrten sind eine Belastung für die Besatzung. Deshalb sind auch die Lebensbedingungen, wie schon bei der Klasse 212A, rundum erträglicher gemacht worden. Alle wesentlichen Konsolen haben die Konstrukteure in der Kommandozentrale zusammengefasst und ergonomisch gestaltet. Damit können sich dort sämtliche Wachhabenden aufhalten. Einrichtungen wie der Optronic-Mast, der den Druckkörper nicht durchbricht und alle Funktionen eines Periskops bis hin zu Video-Aufnahmen in sich vereint, sind nicht nur technischer Fortschritt, sondern schaffen auch mehr Platz für die Crew. Mit der Konzentration aller technischen, nautischen und Steuerungsfunktionen inklusive der „Funkbude" in der Zentrale muss sich im Normalfall niemand mehr im

Achterschiff aufhalten, in dem sich das Antriebssystem befindet. Der Vorteil dieser Anordnung liegt darin, dass sich die Wohnbereiche im Vorschiff sauber von Geräuschquellen trennen. Dort wird es bei Radio und Fernseher gemütlich. Und natürlich hat jedes Crew-Mitglied seine eigene Koje. Dazu: Drei Duschen, drei Toiletten und Waschräume, eine komfortable Kombüse mit mehreren Kühlräumen und schließlich Waschmaschine und Wäschetrockner sorgen dafür, dass auch lange Fahrten einigermaßen komfortabel ablaufen.

DIE HDW-KLASSE 214 [2]

HAUPTAUFGABEN

Der modulare Waffen- und Sensor-Mix ist für alle möglichen Einsätze ausgelegt, darunter Einsätze gegen Überwasserschiffe und U-Boote, Geheimdienst-Aufträge, Aufklärung und Überwachung von Seegebieten. Weiter sind geheime Minenlege-Operationen möglich, und schließlich gehören dazu auch die Übungs- und Kampfeinsätze in größeren Verbänden.

HAUPT-ERRUNGENSCHAFTEN

Deutlich vergrößerte Unterwasser-Ausdauer und geringe Entdeckungswahrscheinlichkeit, nicht zuletzt dank des Brennstoffzellen-Antriebs.
Vergrößerte Tauchtiefe und Gesamt-Effizienz verglichen mit der HDW Klasse 209.
Minimale akustische, thermische und magnetische Signaturen.

ALLGEMEINE BOOTSDATEN

Länge über alles:	ca. 65 m
Höhe über Zentralaufbau:	ca. 13 m
Durchmesser:	ca. 6,3 m
Verdrängung aufgetaucht:	ca. 1.850 t
Verdrängung getaucht:	ca. 1.930 t
Tauchtiefe:	über 400 m
Besatzung:	27 (+ 10) Mann
Druckkörper:	ferromagnetischer Stahl

FÜWES (FÜHRUNGS- UND WAFFENEINSATZSYSTEM)

ISUS 90 (Integrated Sensor, Command & Control and Weapon Engagement System)

ANTRIEBSANLAGE

Fahrmotor (PERMASYN® Motor)	6.720 kW
Brennstoffzellenanlage	2 Module à 125 kW
Dieselgenerator	2 x MTU 16V396
Fahrbatterie	450-900 V

Geräuscharmer 7-flügliger Skew-Back-Propeller

Gesch. aufgetaucht	max. 12 Kn
Gesch. getaucht	max. 20 Kn

BEWAFFNUNG

8 x 533mm Torpedorohre (Ausschwimmverfahren)
für alle Arten von Torpedos
8 Stauplätze für Reserve-Torpedos, davon 4 für schnelles Nachladen.

NACHRÜSTUNG UND OPTIONEN (BEISPIELE)

Funkboje, Towed Array Sonar (TAS), Minenmeidesonar, Entmagnetisierungsanlage, Lithium-Ionen-Batterie, Torpedo-Abwehr-System, Spezialkräfte-Einrichtungen, Druckausstoß-System für den Waffenausstoß, Raketenausstoß-Systeme und Minenlege-Systeme, Zweiter Kommunikationsmast (SATCOM und HF)

Anders als bei der Klasse 212A können hier nur allgemeine Daten genannt werden, weil jede Marine, die 214er bestellt, eigene Wünsche und Anforderungen hat.

Daher sind die Boote unterschiedlich konfiguriert, und diese Daten sind öffentlich nicht zugänglich.

TRIDENTE – U-Boot der HDW-Klasse 214 PN. (YPS Peter Neumann)

Noch auf dem Papier: HDW-Klassen 210mod und 216

Die anhaltende Nachfrage nach U-Booten, besonders im pazifischen Raum, führt zu neuen U-Boot-Typen. Denn die Marinen der einzelnen Länder sehen sich mit unterschiedlichen Bedrohungsszenarien konfrontiert, planen ihre Einsätze in unterschiedlichen Gewässern, und schließlich verfügen ihre Regierungen über unterschiedliche Verteidigungsbudgets. So plant etwa Australien seine U-Boote der COLLINS-Klasse durch große Boote zu ersetzen, die für lange Einsätze im tiefen Wasser des Pazifiks geeignet sind. Andere Staaten setzen auf kleine, kompakte U-Boote für küstennahe Gewässer, die zudem auch in schmalere Budgets passen sollen. Darauf haben sich die deutschen U-Boot-Bauer eingestellt und bieten nun zwei weitere U-Boot-Klassen an: Die HDW-Klasse 216 und die HDW-Klasse 210mod.

HDW-KLASSE 210MOD – KOMPAKT, LEISTUNGSFÄHIG UND PREISWERT

Diese neue U-Boot-Klasse ist zwar für Einsätze in küstennahen Gewässern und Randmeeren optimiert, kann aber ebenso gut in tropischen Gewässern oder tiefem Wasser eingesetzt werden. Auch bei dieser Klasse ist es möglich, die Boote entweder in Kiel oder im Kundenland mit Hilfe von Materialpaketen zu bauen. Das kompakte Boot übertrifft in seiner Leistungsfähigkeit die mit über 60 gebauten Booten bewährten Klasse 209, die trotz aller Modernisierung in die Jahre gekommen ist. Damit ist es, so HDW, das perfekte U-Boot für Marinen, die ihre U-Boot-Waffe neu aufstellen oder ihre Flotte von AIP-Booten ergänzen wollen. Schließlich ist diese Klasse eine interessante Alternative zur „midlife conversion" – der Modernisierung eines U-Bootes nach einigen Jahren Dienstzeit – wenn man die künftigen Kosten des alten Bootes in Betracht zieht.[1]

Basis der Klasse 210mod ist der Entwurf der in der norwegischen Marine bewährten ULA-Klasse. Er wurde jedoch mit Komponenten der modernen Klassen 212A und 214 ergänzt,

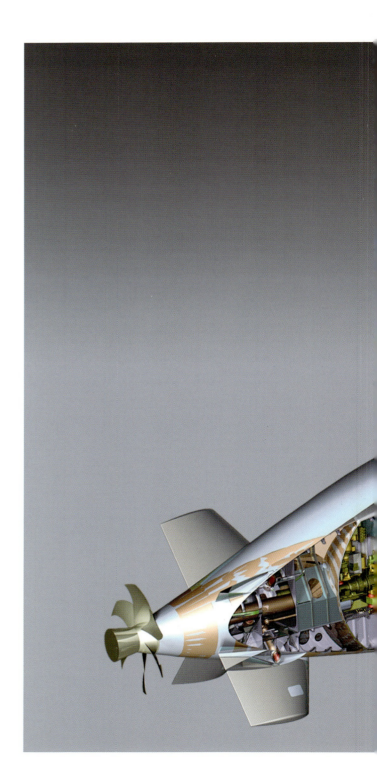

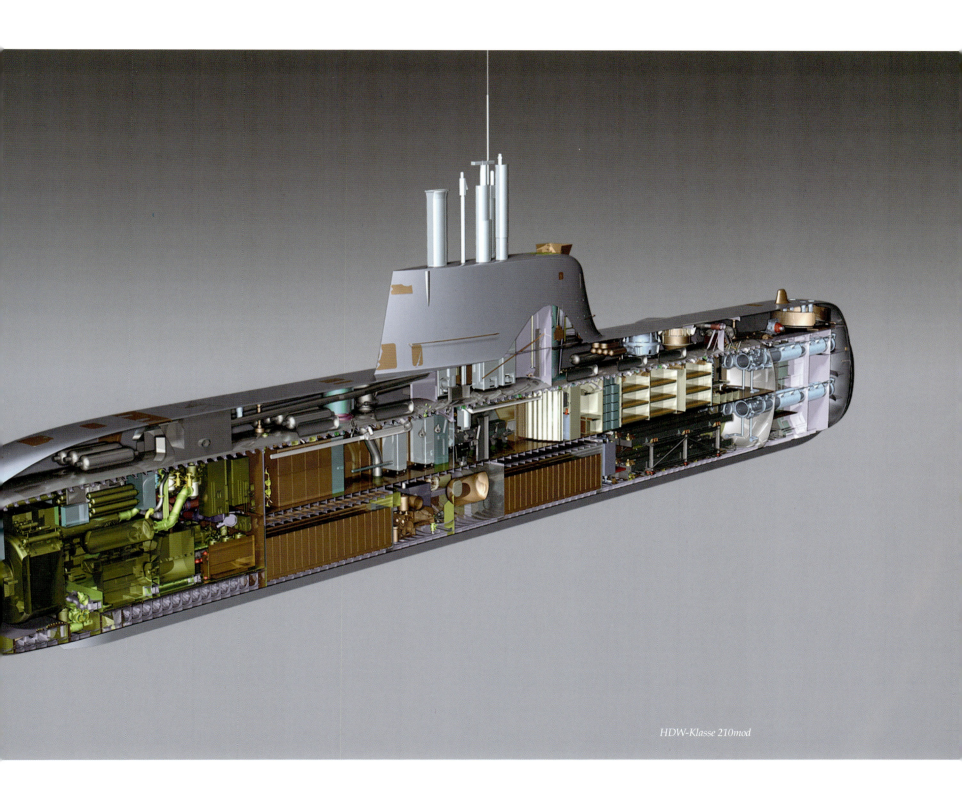
HDW-Klasse 210mod

etwa durch den Einsatz des Permasyn®-Motors, modernen Führungs- und Sensorsystemen, Ausfahrmasten als Brückengeräte, die mit Ausnahme des Periskops außerhalb des Druckkörpers liegen, einer Rumpfform, die geringe Signaturen besitzt und durch den Einsatz von Komposit-Materialien beim Propeller. Wie bei den HDW-Klassen 212A und 214 ist der Grad der Automatisierung sehr hoch. Zusätzlich ist bei den Booten das Rettungssystem HABETaS® vorgesehen, und eine Taucherschleuse fehlt auch nicht. Dagegen fehlt ein AIP-Antrieb, auf den aus Kostengründen verzichtet wurde.

Schon bei der HDW-Klasse 212A hat sich das X-Ruder außerordentlich bewährt und so wird es auch bei der Klasse 210mod genutzt, denn es verleiht dem Boot außerordentlich gute Manövriereigenschaften. Mit seiner kompakten Gestaltung – einer Verdrängung von rund 1.150 t, einem kraftvollen Antrieb und einem geringen Tiefgang – ist es für Flachwasser prädestiniert. Da aber auch hier der bewährte U-Boot-Stahl HY80 eingesetzt wird, kann das Boot in tiefem Wasser etwa 250 Meter tief tauchen. Für die Tauchfahrt kommen neuartige Lithium-Ionen-Batterien zum Einsatz. Diese Batterien sind bedeutend kleiner als die früher genutzten Bleibatterien. So ist bei dem Raum, den früher die alten Batterien beanspruchten, dreimal soviel Energie verfügbar. Das bedeutet kürzere Schnorchelzeiten und längere Tauchgänge, besonders auch bei hohen Geschwindigkeiten. Noch ein Vorteil der Batterien: Während der Fahrt muss sich niemand mit ihnen befassen. Für die Sicherheit sorgt ein automatisches Batterie-Management-System, das die Zellen ständig überwacht.

Gehirn des Bootes ist das Combat Information Center (CIC) – die Operationszentrale (OPZ). Hier befinden sich alle Komponenten, die der Kommandant oder der Wachhabende für die Führung des Bootes benötigen, als da sind: die Überwachung der Sonar-Sensoren, die Waffenführung, die Überwachung der Überwasser-Sensoren, das Daten-Management, die Navigations- und Lenkungssysteme und die Kommunikation. Sie ist klar strukturiert und übersichtlich, so dass der Kommandant stets den Überblick über sämtliche aktuellen Daten behält. Hauptsystem ist das Führungs- und Waffeneinsatz-System, das entweder mit zwei Sonarkonsolen und zwei Waffen-Führungskonsolen oder mit Sonar-Funktionen und auch Waffenführungsfunktionen auf drei oder vier Multifunktionskonsolen ausgestattet ist. Zwei Konsolen an Steuerbord sind der Navigation vorbehalten. Dabei sind elektronische Seekarte und AIS Standard. Wie in der Klasse 214 besitzt das CIC einen Einmann-Steuerstand.

Vor dem Maschinenraum befindet sich in der Schiffstechnischen Zentrale (STZ) der Leitstand des U-Boots. Er besteht aus zwei Konsolen, von denen im Normalbetrieb nur eine benötigt wird. Die zweite Konsole dient der notwendigen Redundanz oder zu Ausbildungszwecken. Die Schiffstechnik ist weitgehend automatisiert ausgelegt und der Vorteil liegt in der gleichzeitigen Steuerung und Überwachung der schiffstechnischen Systeme wie Dieselgenerator, Batteriekühlanlage, Abgassystem und Bilgenüberwachung.

Der Turm des Bootes aus GFK ist so niedrig wie bei der Klasse 214 ausgeführt. Das bedeutet einen geringen Aufwand für die Wartung, gute Festigkeit, niedriges Gewicht und vor allem schlechte Sonar-Rückstrahleigenschaften. In ihm befinden sich die Ausfahrgeräte wie Schnorchel, Periskop, Antenne und Radar. Der Turm bietet genug Platz für zukünftige Modernisierungen mit drei weiteren Masten, und er ist mit dem neuen HABETaS®-Rettungssystem ausgerüstet, mit dem die Crew sogar noch in 300 Metern Tiefe frei aussteigen kann.

Im Bugraum vor den Unterkünften der Crew befinden sich vier Torpedorohre für Standard-Schwergewichtstorpedos in zwei Reihen übereinander. Die Rohre sind so ausgelegt, dass aus ihnen unterschiedliche Torpedos im Ausschwimmverfahren abgefeuert werden können. Für spätere Zeiten haben die U-Boot-Konstrukteure auch die Möglichkeit vorgesehen, aus dem Boot Lenkflugkörper wie IDAS einzusetzen. Darüber hinaus bietet das Boot Platz für die Lagerung von sechs weiteren Waffen, davon zwei in Schnellladepositionen.

Auch in diesem kleinen Boot ist an die Lebensbedingungen der Besatzung gedacht. Auch hier hat jeder seine eigene Koje – immerhin sind 21 Kojen vorhanden. Das Boot kann sowohl im Zweiwachensystem wie bei der deutschen und der norwegischen Marine mit 15 Mann oder im Dreiwachensystem mit 21 Mann gefahren werden. So ist das Boot für einen Einsatz von etwa 30 Tagen geeignet.

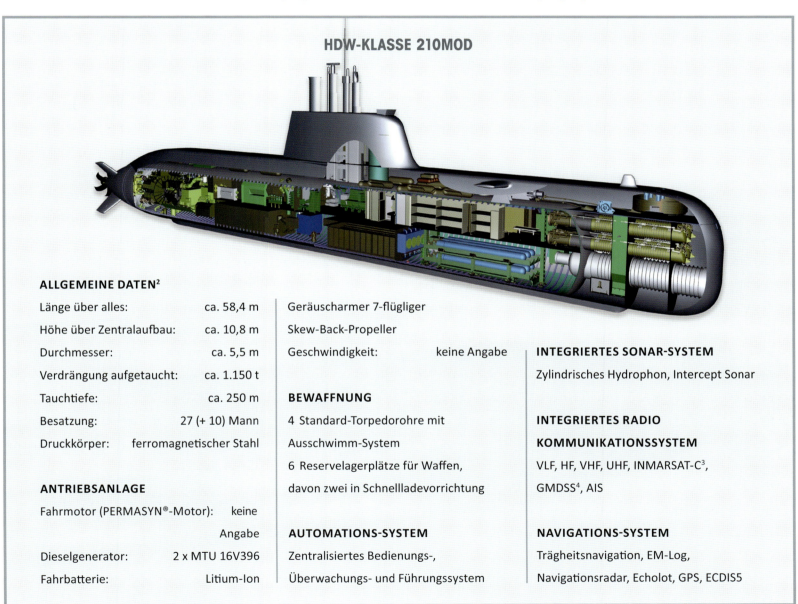

HDW-KLASSE 210MOD

ALLGEMEINE DATEN[2]

Länge über alles:	ca. 58,4 m
Höhe über Zentralaufbau:	ca. 10,8 m
Durchmesser:	ca. 5,5 m
Verdrängung aufgetaucht:	ca. 1.150 t
Tauchtiefe:	ca. 250 m
Besatzung:	27 (+ 10) Mann
Druckkörper:	ferromagnetischer Stahl

ANTRIEBSANLAGE

Fahrmotor (PERMASYN®-Motor):	keine Angabe
Dieselgenerator:	2 x MTU 16V396
Fahrbatterie:	Litium-Ion

Geräuscharmer 7-flügliger Skew-Back-Propeller

Geschwindigkeit: keine Angabe

BEWAFFNUNG

4 Standard-Torpedorohre mit Ausschwimm-System

6 Reservelagerplätze für Waffen, davon zwei in Schnellladevorrichtung

AUTOMATIONS-SYSTEM

Zentralisiertes Bedienungs-, Überwachungs- und Führungssystem

INTEGRIERTES SONAR-SYSTEM

Zylindrisches Hydrophon, Intercept Sonar

INTEGRIERTES RADIO KOMMUNIKATIONSSYSTEM

VLF, HF, VHF, UHF, INMARSAT-C[3], GMDSS[4], AIS

NAVIGATIONS-SYSTEM

Trägheitsnavigation, EM-Log, Navigationsradar, Echolot, GPS, ECDIS[5]

HDW-KLASSE 216 – „20.000 MEILEN UNTER DEM MEER"

Was Jules Verne mit seinem Roman vorausgeahnt hatte, erfüllen seit den Fünfzigerjahren die Atom-U-Boote, die weltumspannend operieren können und solange auf und unter der See bleiben können, bis der Crew der Proviant ausgeht. Inzwischen hat sich nach dem Ende des Kalten Krieges herausgestellt, dass die nuklear angetrieben Kolosse schon aufgrund ihrer hohen Signaturen nicht für alle Zwecke und Szenarios der Weisheit letzter Schluss sind. Zudem sind sie extrem teuer und letztlich ist die Frage der sicheren Entsorgung des Reaktors nach dem Ende der Dienstzeit im besten Fall schwierig und teuer und im schlimmsten Fall lässt man sie, wie es noch immer in Russland oft genug geschieht, schlicht in abgelegenen Buchten verrotten.

Dort, wo die Atom-U-Boote nicht operieren können, in Küstenmeeren, kommen heute kleinere Boote – dieselelektrisch oder AIP-getrieben zum Einsatz. Boote, wie die HDW-Klassen 209, DOLPHIN, 212A oder 214 und in absehbarer Zeit die HDW-Klasse 210mod. Auf der anderen Seite entsteht bei einer Reihe von Nationen besonders im pazifischen Raum ein neuer Bedarf. Neben den Schutz der eigenen Küsten, der von konventionellen und den existierenden AIP-Booten hervorragend bewältigt wird, treten für viele Industrienationen neue Anforderungen. Hier geht es jetzt um die Fähigkeit fernab vom Heimathafen verdeckte Aufklärung über lange Zeiträume hinweg zu betreiben, Spezialkräfte zu transportieren und zu unterstützen oder überraschend mit Landzielflugkörpern anzugreifen.[6] Damit ergeben sich Anforderungen, die über die Möglichkeiten und Fähigkeiten der heutigen kompakten U-Boote wie der Klassen 212A oder 214 hinausgehen. Gefordert sind eine große Reichweite, hohe Geschwindigkeit beim Verlegen, lange Einsatzdauer, große Waffenkapazität, Flugkörper für See- und Landziele, erweiterte Fähigkeit bei der Aufklärung und schließlich großer Komfort für die Besatzung.

Die Antwort darauf ist ein neuer HDW-Entwurf: Das U-Boot Klasse 216. Der Bootsentwurf profitiert von der Erfahrungen, die zahlreiche Marinen mit HDW-Booten gemacht haben, von der Erfahrungen, die HDW beim Bau und Betrieb der Boote gesammelt hat und von den Erfahrungen aus den immer weiter entwickelten Entwürfen bei IKL und HDW. Ganz besonders zahlt sich jetzt die jahre- bis jahrzehntelange Forschungs- und Entwicklungsarbeit bei der Kieler Werft und auch bei ihren deutschen Industriepartnern aus. In dem neuen Entwurf paart sich seit langen Jahren Bewährtes mit innovativen Entwicklungen der jüngsten Zeit.

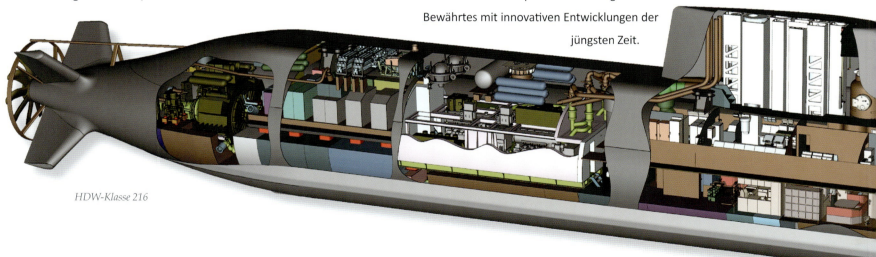

HDW-Klasse 216

Mit einer Verdrängung von etwa 4.000 t und eine Länge von etwa 90 Metern ist es gut doppelt so groß wie die bisherigen Kieler U-Boot-Klassen. Dabei ist die Größe kein Wert an sich, sondern ergibt sich aus den Anforderungen an das Boot und seinen Fähigkeiten. Die Größe resultiert aus dem Platzbedarf für Antrieb, Energieerzeugung, Speichersystemen für Elektrizität und Treibstoff, unterschiedliche Nutzlast, Waffenführungs- und Einsatzsystem und auch aus dem großzügigen Wohnbereich. Das Boot besitzt zwei begehbare Ebenen, auf denen die Plattform- und Waffenführungssysteme ebenso untergebracht sind, wie ein separater Wohn- und Freizeitbereich. Zugleich muss die Operationszentrale nicht mehr als Durchgang dienen.

Gerade die Lebensbedingungen auf einem Boot, das für eine Einsatzdauer von bis zu 80 Tagen konzipiert ist, eine Zeit die für eine Erdumfahrung reicht, sind ein wesentlicher Faktor, um die Crew bei Laune und damit leistungsfähig zu halten. Da es für alle Marinen immer schwieriger wird, ausreichend Personal zu bekommen, ist für das Boot eine vergleichsweise kleine Besatzung von nur 33 Mann im Dreiwachensystem vorgesehen. Für sie sind zehn Schlafräume mit bis zu sechs Kojen vorgesehen. Für zusätzliche Gäste wie Spezialkräfte, Taucher, Spezialisten oder Schüler gibt es noch einmal fünf zusätzliche reguläre und 16 Behelfskojen. Und bevor das gute Essen an Bord sich als Rettungsring an den Hüften der Mannen ansetzt, können sie sich den Bauchspeck im Fitnessraum im Vorschiff abarbeiten. Zwei großzügige Messen dienen als Aufenthaltsraum. Hier wird nicht nur das Essen eingenommen, sondern die

Räume können auch als Briefing- oder Kinoraum genutzt werden. Die großzügige Kombüse und die Vorratsräume befinden sich gleich nebenan. Und schließlich gibt es neben der Operationszentrale noch einen Raum, der wahlweise als erweiterter Wohnraum, Besprechungsraum, zusätzlicher Funkraum bei Aufklärungseinsätzen und schließlich auch als Lazarett genutzt werden kann.

Der Druckkörper aus dem bewährten hochfesten HY80-Stahl kommt aufgrund der Spant- und Außenhautdimensionierung ohne Rahmenspanten aus. Dadurch gibt es deutlich mehr Freiheit bei der Gestaltung der Inneneinrichtung. Er wird durch ein druckfestes Schott zwischen Wohnbereich und der Operationszentrale unterteilt. Damit besitzt das Boot für den Fall eines nicht mehr beherrschbaren Wassereinbruchs zwei bis zur Zerstörungstiefe druckfeste Abteilungen, die mit Notausstiegeeinrichtungen und Andockmöglichkeiten für Tiefsee-Rettungsfahrzeuge ausgerüstet sind.

Das Boot ist wendig und gut zu manövrieren, sowohl im tiefen als auch im flachen Wasser. Es ist mit einem X-Ruder ausgestattet, das kleine Wendekreise und schnelle Tiefenänderungen begünstigt. Für den Vortrieb besitzt das Boot wieder den bewährten Permasyn®-Fahrmotor, der es unter Wasser auf Geschwindigkeiten von über 20 Knoten bringt. Auch hier kommen die modernen Lithium-Ionen-Batterien für den Fahrmotor und die elektrischen Verbraucher zum Einsatz. Vier kräftige Dieselgeneratoren für die Ladung der Batterien und energieoptimierte Verbraucher machen eine extrem kurze Schnorchelfahrt möglich.

In Verbindung mit der Brennstoffzellen-Anlage sind die Lithium-Ionen-Batterien eine ideale Kombination. So kann das Boot, ohne zu schnorcheln, vier Wochen unter Wasser im Geheimen operieren. Dabei führt das Boot den Sauerstoff für die Brennstoffzelle in flüssiger Form mit, während der Wasserstoff nicht mehr in Hydridzylindern gelagert wird, sondern direkt an Bord mit von HDW entwickelten Reformern aus Methanol gewonnen wird.

Das Kohlendioxid, das dabei als Abfallprodukt entsteht, wird an Bord in Seewasser rückstandslos aufgelöst und verschwindet anschließend spurlos in der See. HDW hat bereits vor langer Zeit begonnen, sich mit Reformer-Technologien zu beschäftigen und auf dem Werftgelände eigens dafür einen Teststand gebaut. Dies zahlt sich jetzt aus.

High-Tech in der Operationszentrale: Sieben Multifunktionskonsolen dienen als „Human Machine Interface (HMI)" innerhalb der integrierten Sonar- und Waffenleitanlage. Offene Strukturen vereinfachen die Integration aller Informationssysteme. Die gewonnenen Daten der akustischen Sensoren, des Navigations-Management-Systems und der Waffenleitanlage werden automatisch auf Plausibilität geprüft, analysiert und klassifiziert dem Operator zur Verfügung gestellt. Weiterentwickelte Sensoren von ATLAS ELEKTRONIK wie das Enhanced Flank Array Sonar (EFAS), ein Conformal Arrays Sonar im Bug, das die bisher übliche Kreisbasis ersetzt und ein nach achtern gerichtetes Sonarpanel bilden zusammen ein akustisches Sensor-Netzwerk, das hochsensibel ist. Und schließlich kommen für die Navigation hochfrequente Bodennavigations-Sonare und nach vorn gerichtete Nahbereichs-Sensoren zum Einsatz. Damit kann das Boot Minen umgehen, bei Tauchereinsätzen oder dem Einsatz unbemannter Fahrzeuge Hilfestellung leisten.

Optisch ist das Boot mit zwei Optronicmasten von Zeiss ausgerüstet, die mit HDTV-Kanal, Infrarotkamera, Laserentfernungsmessung und ESM-Sensoren (Electronic Support Measures), unter anderem als Frühwarn-System, für Überwasserlagebilder ausgestattet sind. Im Funkraum laufen analoge, digitale und IP-basierte Kommunikation (Internet) zusammen. Drei Fernmeldemasten decken alle Frequenzbänder ab.

Hinter der Operationszentrale liegt der Schiffstechnische Leitstand, der von ihr durch eine transparente, verschiebbare Wand getrennt ist. Damit kann die taktische Schiffsführung von der schiffstechnischen getrennt werden, um die Kommunikation innerhalb der Teams nicht zu stören. Bei Bedarf lässt sich die Trennung jedoch leicht aufheben. Im Schiffstechnischen Leitstand arbeiten der Steuerstand, der von nur einer Person bedient werden muss, und die schiffstechnische Automation für alle schiffstechnischen Systeme, die von zwei Personen ferngesteuert wird. Der Maschinenraum selbst bleibt bis auf Kontrollgänge unbemannt.

Ein modernes U-Boot muss flexibel und auf alle möglichen Einsatzarten gerüstet sein. Daher setzen die Marinen heute auf „flexible payload". Das heißt, auf die Möglichkeit, die unterschiedlichsten Ausrüstungen an Bord bringen zu können. Bei der HDW-Klasse 216 ist das Kernstück eine druckfeste, vertikal angeordnete Großschleuse achterlich hinter der schiffstechnischen Zentrale, das Vertical Multi-Purpose Lock (VMPL). Durch diese Schleuse können unterschiedliche Nutzlast-Module je nach Einsatzauftrag transportiert werden. Dabei geht es um Minenlegeeinrichtungen, Docking-Stationen für unbemannte Unterwasserfahrzeuge, eine Taucherschleuse für 20 Mann, Starteinrichtungen für Marschflugkörper oder zusätzliche Treibstofftanks. Im Oberdeck stehen zwei modulare Plattformen zur Verfügung, die Torpedoabwehr-Module, eine Garage für Unterwasserfahrzeuge oder druckfeste Container für die Ausrüstung von Spezialkräften aufnehmen können. Und der Übernahmegraben für Torpedos lässt sich während des Einsatzes auch mit Modulen für Leichtgewichttorpedos bestücken.

Flexibel ist auch die Einrichtung für den Transport und die Staueinrichtung der Torpedos gestaltet. So können hier Torpedos, Minen oder Flugkörper gelagert werden, aber auch Ausrüstung oder Abfall. Selbst als Schlafraum für zusätzliche Personen ist sie geeignet. Im Turm befindet sich ein Mehrzweckmast der Firma Gabler Maschinenbau. Er ist ein druckfester Container, der auf Sehrohrtiefe über die Wasserlinie ausgefahren werden kann. Je nach Einsatz kann er eine Waffenstation, drei Flugdrohnen, einen Laserkommunikations-Terminal oder zusätzliche Elektronik aufnehmen.

Heimlich, still und leise muss das U-Boot sein. Das ist sein größter Vorteil. Die Verringerung der Signaturen ist bei größeren Booten schwieriger als bei den kleinen und kompakten Einheiten, weil sie naturgemäß ein größeres Singnaturpotential besitzen. Daher hat HDW alle Möglichkeiten genutzt, die Signaturen der HDW-Klasse 216 minimal zu gestalten. Das beginnt bei den schräggestellten Oberflächen. GFK und Anti-Sonarbeschichtung schützen Oberdeck und Turm und die Ausfahrgeräte sind mit radarabsorbierendem Material bekleidet. Alle Einrichtungen im Boot sind schallreduziert ausgelegt und schallgedämpft gelagert. Den eigenen Luft- und Körperschall des Bootes messen ständig Own-Noise-Sensoren. Die Einflüsse, die sich daraus auf die Unterwassersensoren des Bootes ergeben, analysiert das Sonarsystem und kompensiert sie nach Möglichkeit.

Die Propellerblätter bestehen aus Komposit-Werkstoff. Die Anzahl und die Form der einzelnen Blätter ist zusammen mit der Propellerdrehzahl kavitationsarm ausgelegt und für Vortrieb und Nachstrom optimiert. Die asymmetrischen Ruderflächen verbessern den Vortrieb im Vergleich zu herkömmlichen Rudern um etwa sechs Prozent und sorgen für ein sehr gleichmäßiges Nachstromfeld.

Der Druckkörper besteht aus ferritischem Stahl. Sein magnetisches Feld wird jedoch von einer Entmagnetisierungsanlage auf ein Minimum verringert. Und schließlich sorgt die hydrodynamisch optimierte Formgebung von Turm und Ausfahrgeräten, die Beschichtung der Ausfahrgeräte und schließlich die Kühlung der Abgase beim Dieselbetrieb für extrem geringe Infrarot-Signaturen.

HDW-KLASSE 216

HAUPTAUFGABEN

Der modulare Waffen- und Sensoren-Mix, in Kombination mit dem außenluftunabhängigen Funktionen des U-Bootes macht die HDW Klasse-216 prädestiniert für Überwasserschiffs- und U-Boot Abwehr, Aufklärung, Überwachung und Zielerfassung, Angriff von Landzielen, Unterstützung bei Operationen von Sondereinsatzkräften, Einsatz von unbemannten Fahrzeugen und Minenausbringung und Minenaufklärung.

BESONDERE TECHNISCHE MERKMALE

PERMASYN®-Antriebstechnik, Lithium-Ionen-Batterien, Kompositpropeller, integriertes Waffenleitsystem, HABETaS® Rescue-System, Methanolreformer, hohe Anzahl an zusätzlichen Kojen.

ALLGEMEINE BOOTSDATEN

(soweit bekannt)

Länge:	ca. 89 m
Durchmesser:	ca. 8 m
Höhe inkl. Turm:	ca. 15 m
Verdrängung:	ca. 4.000 t
Besatzung:	33 Mann (+21)
Druckkörper:	ferromagnetischer Stahl

ANTRIEBSANLAGE

Fahrmotor (PERMASYN®-Motor), Brennstoffzellenanlage, Dieselgenerator

Fahrbatterie: Lithium-Ionen-Batterie
Geräuscharmer Komposit-Propeller
Geschwindigkeit getaucht: über 20 Kn

INTEGRIERTES RADIO KOMMUNIKATIONSSYSTEM

VLF, HF, VHF, UHF, INMARSAT-C, GMDSS, AIS

BEWAFFNUNG

6 Waffenrohre mit Ausstoßsystemen für Torpedos, Minen und Flugkörper, hohe Staukapazität für Waffenpayload, flexibler Stauraum für 18 Reservewaffen, zusätzliche Waffenmodule für die vertikale Multifunktions-Schleuse.

U-Boot-Technologien von heute für morgen

Der Erfolg und der gute Ruf, den sich die deutschen U-Boot-Konstrukteure, U-Boot-Bauer und letztlich die neuen deutschen U-Boote weltweit erworben haben, beruht am wenigsten auf dem Mythos der „Grauen Wölfe" aus dem zweiten Weltkrieg, der noch immer weltweit durch Artikel, Blogs im Internet oder You Tube-Filmchen wabert, obwohl er selbst bei der Beurteilung der heutigen U-Boote mitschwingt. Vielmehr beruht er wie schon in der Vergangenheit auf intensiver Forschung und Entwicklung, technologischer Brillanz, hochprofessionellem U-Boot-Bau in modernsten Anlagen, einer über hundertjährigen Erfahrung im U-Boot-Bau und -Betrieb, Zusammenarbeit mit leistungsfähigen Zulieferbetrieben, Zusammenarbeit mit der Deutschen Marine als „parent navy" und den Kunden-Marinen im Ausland, Denken in zukünftigen Szenarien und technischen Entwicklungen, die immer wieder revolutionäre Boote hervorgebracht haben – und vor allem auf harter Arbeit.

Intensive Forschung und Entwicklung sind der Schlüssel für die Lösung künftiger Anforderungen an moderne U-Boote, und so arbeiten die U-Boot-Entwickler an einer Reihe von Projekten, die nicht nur den heutigen und künftigen Booten und ihren Marinen zugute kommen, sondern auch zur Modernisierung vorhandener Boote dienen. Das HDW-Buch „Silent Fleet"[1], das inzwischen in sechs Ausgaben erschienen ist, gibt einen ständig aktuellen Überblick über neue Technologien – jedenfalls soweit sie nicht unter das militärische Geheimnis fallen. Aber auch so sind die veröffentlichten Fakten spannend genug.

STEALTH

Die Kernfähigkeit des U-Boots ist seine Heimlichkeit – Stealth: Leiser als das Geräusch des umgebenden Meeres, unentdeckbar mit Infrarot-Sensoren, die Wärmeabstrahlung messen, perfekt geformt, um Sonarstrahlen zu entgehen und keine Fahrgeräusche zu erzeugen. Das macht den besonderen Wert des modernen U-Boots aus.

Modernste Produktion bei ThyssenKrupp Marine Systems in Kiel. (YPS Peter Neumann)

Die Entwicklung bleibt nicht stehen. Sicher haben alle Marinen, die deutsche U-Boote fahren – und nicht nur sie – die Tarnkappen-Eigenschaften deutscher U-Boote anerkannt. Auf der anderen Seite schlafen aber die U-Boot-Jäger nicht. Daher hat die Entwicklung weiter verbesserter Stealth-Eigenschaften in der deutschen Forschung und Entwicklung die höchste Priorität. Dabei geht es nicht darum, die bestehenden Signaturen nur zu dämpfen, sondern sie auf neuen Wegen zu minimieren.

Fundamentales Prinzip der HDW-Konstruktionen ist, das Boot so klein wie möglich zu halten. Das ist eine effektive Maßnahme, um die Signalstärke des Bootsrumpfes zu reduzieren. Ein weiter Weg ist die Entwicklung von Beschichtungs-Materialien, die Sonar- und Radarstrahlen absorbieren.

HDW hat komplett amagnetische Boote gebaut – HDW-Klasse 212A für die Deutsche Marine – und die Entwürfe weiter verfeinert und ihren Bau perfektioniert.

Die Verringerung der Signaturen betrifft nicht allein das Boot als Ganzes, sondern auch jedes einzelne System, jede Komponente und jedes einzelne Gerät, das in das Boot eingebaut wird. Dazu gehören Propeller, Kabelbahnen, die Entwicklung besonders geräuscharmer Pumpen und Armaturen wie Schieber, Absperrhähne und Klappen, Antriebe und Kompressoren.

Schließlich haben moderne Batterien und außenluftunabhängige Antriebe die Stealth-Eigenschaften der Boote ergänzt und weiter verbessert. Im Einzelnen geht es um:

KOMPOSIT-PROPELLER

Der neu entwickelte Kompositpropeller verringert das Schraubengeräusch beträchtlich. Daneben haben die Entwickler große Anstrengungen unternommen, um die Anströmung und den Nachstrom der Propeller gleichmäßiger zu gestalten, die Belastung des Propellers zu verringern und so auch die Vortriebsleitung zu steigern.

Anstelle der bisherigen Propellerblätter aus Kupferlegierungen werden jetzt Kunststoffblätter auf einen Stahlschaft montiert. Diese flexiblen Blätter haben einen positiven Effekt auf die Kavitation des Propellers, die bekanntlich Geräusche erzeugt. Sie sorgen dafür, dass Kavitation sehr viel später bei hohen Geschwindigkeiten auftritt.

AKUSTISCHE BESCHICHTUNG

Ein modernes konventionelles U-Boot ist heute mit passiven Sensoren praktisch kaum noch zu orten. Damit bekommt die aktive Ortung mit Sonargeräten trotz aller damit verbundenen Risiken eine höhere Bedeutung, da ein aktiv ortendes Schiff oder U-Boot sich und seinen Standort

Kontrolle der Fertigungspräzision eines CF-Propellers, GFK Uboot-Außenhautfertigung. (YPS Peter Neumann)

Pre-Swirl-Ruderblätter auf U 35. (YPS Peter Neumann)

verrät. Wenn aber das U-Boot das Ziel der Ortung ist, ist die aktive Ortung unumgänglich; und damit ist für ein modernes U-Boot das aktive Sonar des Gegners die Hauptbedrohung. Daher sind neben der Minimierung der Bootsilhouette akustische Beschichtungsmaterialien eine wirksame Gegenmaßnahme, an der HDW seit 2007 Eigenentwicklung treibt. Sie absorbieren Sonar- und Radarstrahlen effektiv.

PRE-SWIRL RUDDER

Die Wirbel im Heckwasser eines U-Boots, die durch den rotierenden Propeller verursacht werden, nehmen ihm einen Teil der Kraft, die so dem Vortrieb fehlt. Um dies zu verhindern, kommen sogenannte Pre-Swirl Rudder zum Einsatz – Flossen, die den Wasserstrom gleichmäßig gestalten und so zu einer Leistungssteigerung um bis zu zehn Prozent führen. Diese Flossen wurden zum ersten Mal beim 2. Los der HDW-Klasse 212A eingesetzt.

LITHIUM-IONEN BATTERIEN

Wir kennen sie längst aus dem täglichen Leben aus diversen elektronischen Geräten, die batteriegetrieben sind: wiederaufladbare Lithium-Ionen Batterien. Wir schätzen besonders, dass bei ihnen der lästige Memory-Effekt nicht mehr auftritt. Für U-Boote gab es sie bisher aber nicht. Natürlich gehört mehr dazu, als einen winzigen Akku für den heimischen Computer einfach nur zu vergrößern. So ging HDW 2005 mit dem deutschen Batteriehersteller GAIA eine Kooperation ein, die das Ziel hatte, eine Lithium-Polymer-Batterie zum Einsatz auf U-Booten zu entwickeln. Im Vergleich zu den herkömmlichen Bleibatterien haben Lithium-Ionen-Batterien eine Reihe von Vorzügen: Ihre Energiedichte ist höher, sie halten ihre Spannung stabiler, ihr Einsatz macht die Hilfssysteme einfacher, sie verbessern die Stealth-Eigenschaften, sie halten länger und schließlich benötigen sie keine Wartung.

Die neue Standard-U-Boot-Zelle ist zylindrisch geformt und hat eine Kapazität von 2.000 Wattstunden. Abhängig von der Größe des U-Boots können mehrere tausend Zellen in Modulen von jeweils 20 Zellen an Bord untergebracht werden.

Diese Zellen habe ihre Leistungsfähigkeit und Verlässlichkeit schlagend unter Beweis gestellt. Im Rahmen des Tûranor PlanetSolar Projekts ist ein nur mit Solarzellen und Lithium-Ionen-Batterien ausgestatteter Experimental-Katamaran rund um die Welt gefahren. Das Batterieengineering wurde von HDW entwickelt und nach den Sicherheitsstandards und Integrationskonzepten des U-Boot-Baues installiert. Die erfolgreiche Weltreise des Katamarans, der die Möglichkeiten einer emissionsfreien Welt demonstrieren wollte, hat gezeigt, dass die Batterien und das HDW-Integrations-Konzept zuverlässig funktionieren. Bleibt nachzutragen, dass der Katamaran sogar die piratenverseuchten Gewässer am Horn von Afrika sicher überstanden hat.

METHANOL-REFORMER FÜR DIE BRENNSTOFFZELLE

Die Speicherung von Wasserstoff in Metallhydrid-Zylindern ist die beste, sicherste und einfachste Lösung für die Anforderungen an ein modernes AIP-System. Für Marinen, die auf große U-Boote, lange Einsatzfahrten und hohe AIP-Geschwindigkeiten angewiesen sind, ist die Produktion von Wasserstoff direkt an Bord eine Alternative, die im Gegensatz zu dem mitgeführten gespeicherten Wasserstoff durchaus Vorteile haben kann.

Das System für die Produktion von Wasserstoff an Bord aus Hydrokarbonaten und Wasser ist ein „Reformer". Wasserstoff – in HDW-Fall – wird aus Methanol, das an Bord mitgeführt wird, im Reformerprozeß gerade dann erzeugt, wenn es benötigt wird. Dabei entsteht ein qualitativ hochwertiger Wasserstoff, der für die Siemens-Brennstoffzelle geeignet ist. HDW hat sich seit geraumer Zeit mit dieser Technologie beschäftigt und eine Landtest-Anlage mit einem Methanol-Reformer aufgebaut. Daraus entwickelt die Werft jetzt Komponenten für den Einsatz an Bord. Der Reformer selbst wird im Boot gekapselt aufgestellt und mit den notwendigen Sicherheitseinrichtungen versehen.

BEWAFFNUNG

DIE ENTWICKLUNG VON WAFFENROHREN

Seit langem hat sich HDW mit der eigenen Entwicklung und Produktion von Torpedo- und Waffenrohren beschäftigt. Neben einer modernen Torpedorohr-Fertigung befinden sich auf der Werft auch spezielle Testeinrichtungen, darunter ein Teststand in einem ehemaligen Trockendock, in dem die Ausstoßparameter und Bewegungscharakteristiken von Dummies bis hin zur Torpedogröße gemessen werden können.

Die Werft hat U-Boote mit bis zu zehn Waffenrohren abgeliefert, in denen

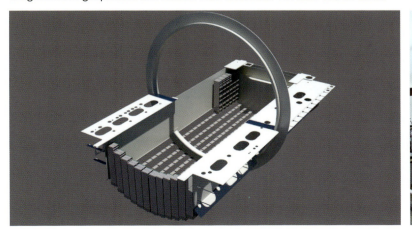

Anordnung der Lithium-Ionen-Batterien (links). (ThyssenKrupp Marine Systems) *Methanol-Reformer-Anlage im Test (rechts).* (YPS Peter Neumann)

Torpedos im Ausschwimmverfahren abgefeuert werden können. Sie können mit unterschiedlichen Waffen-Ausstoßvorrichtungen ausgerüstet werden: Mit einem Waffenausstoßsystem, bei dem Druckluft direkt auf einen Flugkörper einwirkt. Oder mit einem hydro-mechanischen System, bei dem Hydraulik-Zylinder über einen Draht Flugkörper und Minen ausstoßen. Weiter können Torpedos und Flugkörper mit einem Kolben ausgestoßen werden, der von einem Hebel, der durch ein Schloss in einen Zylinder reicht, betätigt wird. Ein modernes System, das auch auf den U-Booten der Klasse 212A zum Einsatz kommt, ist das Wasser-Ausstoßsystem, bei dem hoher Wasserdruck direkt auf den Torpedo oder den Flugkörper wirkt, die erst weit vor dem Schiff ihren Antrieb zünden und damit den Standort des abschießenden U-Boots nicht verraten.

Die Forschungs- und Entwicklungsarbeiten für Waffenrohre konzentrieren sich heute auf Flugkörper für die Abwehr von Helikoptern und Überwassergegnern und auf Flugkörper für den Einsatz gegen Landziele an der Küste, wie autarke Startsysteme für vier Flugkörper – IDAS – die in einem Waffenrohr gestaut werden. Weiter arbeitet HDW an Start- und Bergeeinrichtungen für unbemannte Unterwasserfahrzeuge, die in ein Waffenrohr passen. Und schließlich geht die Entwicklung auch in die Richtung von Waffenrohren mit einem größeren Durchmesser. Sie sind – auch als Schleuse – für Taucher, Unterwasserfahrzeuge und andere speziellen Zwecke bestimmt.

IDAS –
INTERACTIVE DEFENCE AND ATTACK SYSTEM
FOR SUBMARINES

Der ärgste Feind eines U-Boots ist der Helikopter, gegen den es sich bisher überhaupt nicht verteidigen konnte. Daher haben ThyssenKrupp Marine Systems/HDW, die Diehl BDT Defence und Kongsberg ein einzigartiges Abwehrprojekt – IDAS – entwickelt, das bereits auf einem U-Boot der Klasse 212A erfolgreich getestet wurde und zur Zeit fertiggestellt wird.

Torpedorohrfertigung in Kiel. (YPS Peter Neumann)

IDAS bietet U-Booten vollkommen neue Möglichkeiten des Waffeneinsatzes. Der Flugkörper, der bisher konkurrenzlos ist, dient zur Selbstverteidigung gegen Bedrohungen aus der Luft, zur Bekämpfung von Schiffen sowie zur präzisen Wirkung gegen küstennahe Landziele. Für seinen Einsatz muss das U-Boot nicht auftauchen, sondern kann den Mehrzweck-Flugkörper in sicherer Tiefe aus einem Standard-Torpedorohr starten. Zu seiner autonomen Lenkung und Navigation verfügt IDAS über einen Autopiloten und einen Infrarotsuchkopf mit Bildverarbeitung. Dank einer innovativen Glasfaserverbindung kann der Flugkörper während des gesamten Fluges jedoch auch vom Bediener im U-Boot kontrolliert werden. Dabei kann das Ziel gewechselt, der Zielpunkt korrigiert oder die Mission abgebrochen werden. Durch diese Zielanflugkontrolle in Verbindung mit der hohen Präzision des Suchkopfes und einem relativ kleinen Gefechtskopf werden die gewünschte Wirkung erreicht und gleichzeitig unerwünschte Zerstörungen in der Zielumgebung eng begrenzt. Bei IDAS handelt es sich um den ersten Lenkflugkörper, der sich unter Wasser ohne zusätzliche Schutzkapsel bewegt. Dies spart erhebliche Kosten und Volumen bei der Lagerung der Flugkörper im U-Boot und erhöht die taktische Flexibilität.[2]

Der Flugkörper IDAS (Archiv ThyssenKrupp Marine Systems)

Das System besteht aus drei Komponenten: dem Startcontainer, dem Flugkörper und dem Führungssystem. Nach dem Ausstoß entfaltet der IDAS-Flugkörper seine Flügel und Ruder, zündet den Raketenmotor, steigt an die Wasseroberfläche und nimmt Kurs auf das Ziel. IDAS ist jedoch mehr als ein reines Selbstverteidigungssystem für U-Boote. Es ist ein absolutes Novum. Neue Szenarios für den U-Boot-Einsatz

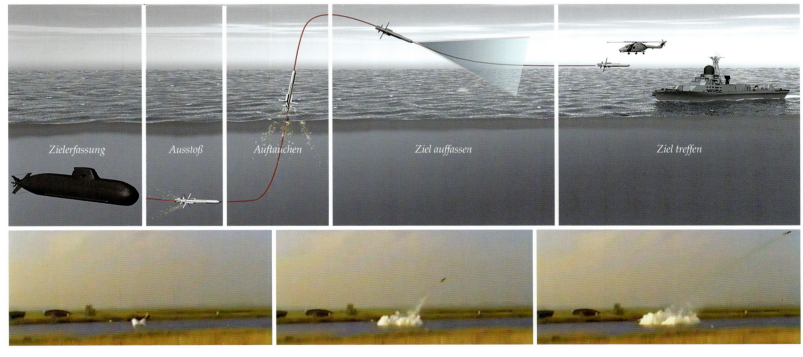

Test-Abschuß eines IDAS-Flugkörpers. (Archiv ThyssenKrupp Marine Systems)

HABETaS® (Archiv ThyssenKrupp Marine Systems)

zeigen, dass eskalationsfähige Waffen, die die Bewaffnung des Bootes erweitern, dringend benötigt werden. Intelligente lenkbare Flugkörper mit kleinen Gefechtsköpfen und hoher Präzision werden in Zukunft eine bedeutende Rolle spielen.

RETTUNGSSYSTEM HABETAS®

Die Deutsche Marine verfährt mit ihren U-Booten nach dem Motto: „Sicherheit vor Rettung". Und so sind in Deutschland gebaute Boote inhärent sicher gebaut. Dennoch gibt es Marinen, die trotzdem zusätzliche Sicherheit wünschen. Sicher ist ein Rettungssystem wie HABETaS® auch eine Beruhigung für die Crew. Denn es übertrifft die heute bekannten Grenzen für Rettungssysteme, weil es der Crew selbst aus großen Tiefen bis zu 300 Metern gestattet, das U-Boot mit ausgezeichneten Überlebenschancen im freien Ausstieg zu verlassen, wenn es – höchst unwahrscheinlich – die Wasseroberfläche nicht mehr erreichen kann.

Simulationen haben ergeben, dass eine Ausstiegstiefe von 550 Metern erreicht werden kann. Mit Sicherheit aber liegt die maximale Ausstiegstiefe für den freien Aufstieg deutlich über 180 Metern. Das setzt in der U-Boot-Rettung völlig neue Maßstäbe. HABETaS® kann auf jedem neuen U-Boot installiert und auf älteren Booten nachgerüstet werden. Das neue Rettungssystem ist eine Gemeinschaftsentwicklung der Howaldtswerke-Deutsche Werft (HDW), der britischen Firma AMITS und der Ballonfabrik Augsburg (BfA). Die niederländische Marine hat bereits 2009 acht Einheiten in Auftrag gegeben, und 2012 hat eine gemeinsame Übung der niederländischen und der norwegischen Marine die Leistungsfähigkeit des Rettungssystems bestätigt.

AUSFAHRMASTEN

Mit der Firma Gabler Maschinenbau, die Ausfahrmasten aller Art für U-Boote herstellt, verbindet HDW eine lange Partnerschaft. Von ihr stammen viele Ausfahrmasten für Schnorchel, Radar, Fernmeldeantennen, etc. Die

Forderung nach größerer Flexibilität, höhere Verlässlichkeit, mehr Sensoren und niedrigere Kosten haben zu einem neuen Design für die Masten geführt, bei dem der Führungsschacht nun rechteckig geformt ist. So können in den meisten Fällen alle Komponenten wie Kabelführungen im Schacht installiert werden. Das Resultat ist ein sehr kompaktes Layout. Darin lässt sich sehr viel mehr Technik unterbringen als zuvor, so dass sich je nach U-Boot-Typ ein oder zwei weitere Masten im Turm unterbringen lassen. Ein weiterer Vorteil ist, dass die neuartigen Masten in kurzer Zeit ausgewechselt werden können und so bei einer kurzen Zeit im Dock U-Boote für spezielle Einsätze umgerüstet werden können.

SYSTEME ZUM AUSSETZEN UND RÜCKKEHR VON AUVS[3]

Zunehmend wird der Einsatz unbemannter Systeme bei den Streitkräften allgegenwärtig. In der Luft, zu Lande und im Wasser. So hat HDW bereits 1997 begonnen, sich mit dem Einsatz und der Integration unbemannter Unterwasserfahrzeuge in ein U-Boot zu beschäftigen, denn es war vorhersehbar, dass sie in absehbarer Zukunft eine bedeutende Rolle spielen würden. Tatsächlich erweitert ein UUV[4] den Einsatzbereich des Bootes bei verdeckten Operationen beträchtlich. Die UUVs können unbemerkt Sensoren dichter an die Küste, in Häfen, Fjorde und Flussmündungen bringen, ohne das U-Boot zu verraten. Und sie können amphibische Operationen oder den Einsatz von Spezialkräften vorbereiten und/oder begleiten.

HDW entwickelt seit 2008 Systeme für das Aussetzen und die Rückkehr von unbemannten Unterwasserfahrzeugen wie zum Beispiel das UUV DAVID von Diehl BGT Defences, das aus einem Standard-Torpedorohr das U-Boot verlässt oder den „SeeOtter MK II" von ATLAS ELEKTRONIK, der aus einem Gehäuse startet. Diese Systeme eignen sich sowohl für den Einbau in neue U-Boote, als auch für die Nachrüstung älterer Boote.

Ausfahrmasten (rechts, oben) und eine U-Boot-Vorschiffssektion mit Torpedorohraussparungen, die auch für AUVs geeignet sind. (YPS Peter Neumann)

Die Zukunft auf hart umkämpften Märkten

Die Entwicklung bleibt also nicht stehen. Sie geht weiter. Experten schätzen den technologischen Vorsprung der HDW-U-Boot-Sparte von ThyssenKrupp Marine Systems auf etwa ein Jahrzehnt. Doch das ist kein Grund, sich zurückzulehnen und gelassen auf die Mitwettbewerber zu schauen. Tatsächlich ist für die Kunden der Werft nicht der technische Vorsprung allein das Hauptargument für die Anschaffung neuer U-Boote. Sie alle schätzen deutsche U-Boot-Technologie und bestellen in Deutschland immer noch wegen seiner guten Reputation im U-Boot-Bau und den Erfahrungen der deutschen U-Flottille. Aber sie sind – auch wegen der Kürzung von Verteidigungsbudgets und oft klammer Staatskassen – nicht immer bereit oder fähig, dafür auch deutsche Preise zu zahlen. Der internationale U-Boot-Markt wächst zwar, aber er ist hart umkämpft, und inzwischen haben sich neben den traditionellen Anbietern auch Newcomer im Markt etabliert, die dem Kieler Weltmarktführer für nicht-nukleare U-Boote das Leben nicht leichter machen. Russland drängt längst auf den internationalen Markt, Korea bietet die U-Boot-Klasse 209 in Lizenz an, Japan versucht sich im Export und auch die VR China drängt in den U-Boot-Export. Schließlich hat Saab im Sommer 2014 mit einiger Brachialgewalt die schwedische ThyssenKrupp-Tochter Kockums übernommen – und so wird sich auch Schweden verstärkt in die Riege der Konkurrenz einreihen oder es wenigstens versuchen.

Umso wichtiger ist es, Forschung und Entwicklung voranzutreiben und weiter neue Produkte anzubieten. In der Zukunft werden zum Beispiel UUV – unbemannte Unterwasserfahrzeuge – eine weitaus größere Rolle spielen als heute. Die Zukunft wird aber nicht nur aus Militärfahrzeugen bestehen. Tatsächlich birgt auch der zivile Sektor große Chancen. Denn im 21. Jahrhundert geht es mehr als bisher um die Exploration und Förderung der Ressourcen der Meere. Der Meeresbergbau ist heute eine nicht mehr nur diskutierte, sondern auch energisch angepackte Aufgabe der Industrienationen, an der sich nun auch Deutschland intensiv zu beteiligen beginnt. Damit steigt der Bedarf an Fahrzeugen und Maschinen, die unter Wasser eingesetzt werden können, ein Aufgabengebiet, an dem sich auch ThyssenKrupp Marine Systems bereits aktiv beteiligt.

Schließlich bleibt der Kostendruck auf die Werft bestehen. Hier wird es darauf ankommen, den Produktionsprozess zu optimieren, um Kosten zu senken und vor allem auch Termintreue zu bewahren und zu garantieren. Denn kein Kunde ist bereit, über Gebühr auf sein U-Boot zu warten – beste deutsche Technologie hin oder her. Das ist der Kieler Werft bewusst, und sie macht ihre Schularbeiten. Sie hat sich in den über 175 Jahren ihrer Geschichte als erstaunlich wandlungsfähig erwiesen und gezeigt, dass sie stets bereit und fähig war, neue Wege zu gehen. Ihre wahre Tradition ist beständiger Wandel. Bleibt zu hoffen, dass die deutsche Politik dies auch in Zukunft versteht, würdigt und einzigartige Schlüsseltechnologien am Wirtschaftsstandort Deutschland nicht preisgibt.

U 33 beim Abtauchen in die Ostsee. (YPS Peter Neumann)

Liste der in Deutschland nach 1945 gebauten U-Boote

Werft Nr.	Name	Rumpf Nr.	Nation	HDW Klasse	Bau- werft	Indienst- stellung	Ausser- dienststellung	Bemerkungen
HDW 1150	U1	S180	🇩🇪	201	HDW	21.03.1962	22.07.1963	
	U1	S180	🇩🇪	201	HDW	03.04.1965	15.03.1966	
	U1	S180	🇩🇪	205	HDW	06.06.1967	29.11.1991	
HDW 1151	U2	S181	🇩🇪	201	HDW	13.05.1962	15.08.1963	
	U2	S181	🇩🇪	205	HDW	11.10.1966	19.03.1992	
HDW 1152	U3	S182	🇩🇪	201	HDW	10.07.1962	15.09.1964	
HDW 1153	U4	S183	🇩🇪	205	HDW	19.11.1962	01.08.1974	
HDW 1154	U5	S184	🇩🇪	205	HDW	04.07.1963	17.05.1974	
HDW 1155	U6	S185	🇩🇪	205	HDW	04.07.1963	23.08.1974	
HDW 1156	U7	S186	🇩🇪	205	HDW	16.03.1964	30.09.1965	
						22.05.1968	12.07.1974	
HDW 1157	U8	S187	🇩🇪	205	HDW	22.07.1964	09.10.1974	
	Techel	S172	🇩🇪	202	Atlas	14.10.1965	15.12.1966	
	Schürer	S173	🇩🇪	202	Atlas	06.04.1966	15.12.1966	
HDW 1158	U9	S188	🇩🇪	205	HDW	11.04.1967	03.06.1993	
HDW 1159	U10	S189	🇩🇪	205	HDW	28.11.1967	04.03.1993	
HDW 1160	U11	S190	🇩🇪	205	HDW	21.06.1968	30.10.2003	
HDW 1161	U12	S191	🇩🇪	205	HDW	14.01.1969	30.04.1971	
						08.01.1974	14.07.2005	
RNSW 351	KNM Kinn	S 316	🇳🇴	207	RNSW	08.04.1964	20.02.1980	
RNSW 352	KNM Kya	S 317	🇳🇴	207	RNSW	15.06.1964	07.09.1989	Transferred to Denmark
	KDM Spingeren	S-324	🇩🇰			17.10.1991	25.11.2004	
RNSW 353	KNM Kobben	S 318	🇳🇴	207	RNSW	17.08.1964	2000	Transferred to Poland
RNSW 354	KNM Kunna	S 319	🇳🇴	207	RNSW	29.10.1964	2001	Transferred to Poland
	ORP Kondor	297	🇵🇱				20.10.2003	

Werft Nr.	Name	Rumpf Nr.	Nation	HDW Klasse	Bau- werft	Indienst- stellung	Ausser- dienststellung	Bemerkungen
RNSW 355	KNM Kaura	S 315	🇳🇴	207	RNSW	05.02.1965	31.05.1990	Transferred to Denmark
RNSW 365	KNM Ula	S 300	🇳🇴	207	RNSW	07.05.1965	26.10.1990	
	KNM Kinn	S-316	🇳🇴					Renamed KMN Kinn in 1987
RNSW 357	KNM Utsira	S 301	🇳🇴	207	RNSW	08.07.1965	12.12.1991	
RNSW 358	KNM Utstein	S 302	🇳🇴	207	RNSW	15.09.1965	23.11.1990	
RNSW 359	KNM Utvaer	S 303	🇳🇴	207	RNSW	01.12.1965	30.10.1987	Transferred to Denmark
	KDM Tumleren	S-322	🇩🇰			20.10.1989	17.08.2004	
RNSW 360	KNM Uthaug	S 304	🇳🇴	207	RNSW	16.02.1966	16.12.1987	Transferred to Denmark
	KDM Saelen	S-323	🇩🇰			10.10.1990	21.12.2004	
RNSW 361	KNM Sklinna	S 305	🇳🇴	207	RNSW	27.05.1966	09.01.1989	
RNSW 362	KNM Skolpen	S 306	🇳🇴	207	RNSW	17.08.1966	08.11.1989	Transferred to Poland
	ORP Sep	295	🇵🇱			16.08.2002		
RNSW 363	KNM Stadt	S 307	🇳🇴	207	RNSW	15.11.1966	12.05.1987	
RNSW 364	KNM Stord	S 308	🇳🇴	207	RNSW	14.02.1967	12.05.1987	Transferred to Poland
	ORP Sokól	294	🇵🇱			04.06.2002		
RNSW 365	KNM Svenner	S 309	🇳🇴	207	RNSW	12.06.1967		Transferred to Poland
	ORP Bielik	296	🇵🇱			08.09.2003		
	Narvhalen	S320	🇩🇰	205i	Orlogsv.	27.02.1970	2003	
	Nordkaperen	S321	🇩🇰	205i	Orlogsv.	14.02.1967	2003	
HDW 1221	Glafkos	S-110	🇬🇷	209/1100	HDW	05.11.1971		
HDW 1222	Nirefs	S-111	🇬🇷	209/1100	HDW	10.02.1972		
HDW 1223	Triton	S-112	🇬🇷	209/1100	HDW	08.08.1972		
HDW 1224	Proteus	S-113	🇬🇷	209/1100	HDW	23.11.1972		
HDW 29	A.R.A. Salta	S-31	🇦🇷	209/1200	HDW/Tanador	23.08.1974		
HDW 30	A.R.A. San Luis	S-32	🇦🇷	209/1200	HDW/Tanador	23.08.1974		
HDW 31	U13	S192	🇩🇪	206	HDW	19.04.1973	23.09.1997	
HDW 32/RNSW 441	U14	S193	🇩🇪	206	RNSW	19.04.1973	26.03.1997	
HDW 33	U15	S194	🇩🇪	206A	HDW	17.07.1974	14.12.2010	
HDW 34/RNSW 442	U16	S195	🇩🇪	206A	RNSW	09.11.1973	31.03.2011	
35	U17	S196	🇩🇪	206A	HDW	28.11.1973	14.12.2010	
HDW 36/RNSW 443	U18	S197	🇩🇪	206A	RNSW	19.12.1973	31.03.2011	

Werft Nr.	Name	Rumpf Nr.	Nation	HDW Klasse	Bau-werft	Indienst-stellung	Ausser-dienststellung	Bemerkungen
37	U19	S198	🇩🇪	206	HDW	09.11.1973	03.06.1998	
HDW 38/RNSW 444	U20	S199	🇩🇪	206	RNSW	24.05.1974	26.09.1996	
39	U21	S170	🇩🇪	206	HDW	16.08.1974	03.06.1998	
HDW 40/RNSW 445	U22	S171	🇩🇪	206A	RNSW	26.07.1974	31.12.2008	
41	U25	S174	🇩🇪	206A	HDW	14.06.1974	31.12.2008	
HDW 42/RNSW 446	U24	S173	🇩🇪	206A	RNSW	16.10.1974	31.03.2011	
47	U27	S176	🇩🇪	206	HDW	16.10.1974	13.06.1998	
HDW 48/RNSW 447	U26	S175	🇩🇪	206A	RNSW	13.03.1975	09.11.2005	
49	U29	S178	🇩🇪	206A	HDW	27.11.1974	31.12.2006	
HDW 50/RNSW 448	U28	S177	🇩🇪	206A	RNSW	18.12.1974	30.06.2004	
HDW 51/RNSW 450	U23	S172	🇩🇪	206A	RNSW	02.05.1975	31.03.2011	
HDW 52/RNSW 449	U30	S179	🇩🇪	206A	RNSW	13.03.1975	28.02.2007	
	Gal		🇮🇱	540	Vickers	01.01.1977	1999/2000	
	Tanin		🇮🇱	540	Vickers	1977	1999/2000	
	Rahav		🇮🇱	540	Vickers	12.1977	1999/2000	
HDW 53	BAP Islay	SS-35	🇵🇪	209/1200	HDW	22.08.1974		
HDW 54	BAP Arica	SS-36	🇵🇪	209/1200	HDW	24.01.1975		
HDW 61	A.R.C. Pijao	S-28	🇨🇴	209/1200	HDW	14.05.1975		
HDW 62	A.R.C. Tayrona	S-29	🇨🇴	209/1200	HDW	18.07.1975		
HDW 65	TCG Atilay	S-347	🇹🇷	209/1200	HDW	12.03.1976		
HDW 66	TCG Saldiray	S-348	🇹🇷	209/1200	HDW	15.01.1977		
HDW 67	Sábalo	S-31	🇻🇪	209/1300	HDW	06.08.1976		
HDW 68	Caribe	S-32	🇻🇪	209/1300	HDW	11.03.1977		
HDW 91	Shyri	S-101	🇪🇨	209/1300	HDW	05.11.1977		
HDW 92	Huancavilca	S-102	🇪🇨	209/1300	HDW	16.03.1978		
HDW 95	TCG Batiray	S-349	🇹🇷	209/1200	HDW	07.11.1978		
HDW 96	TCG Yildiray	S-350	🇹🇷	209/1200	Gölcük	01.01.1982		Material Package
HDW 106	Poseidon	S-116	🇬🇷	209/1100	HDW	22.03.1979		
HDW 107	Amfitriti	S-117	🇬🇷	209/1100	HDW	14.09.1979		
HDW 108	Okeanos	S-118	🇬🇷	209/1100	HDW	15.11.1979		
HDW 118	Pontos	S-119	🇬🇷	209/1100	HDW	29.04.1980		

Werft Nr.	Name	Rumpf Nr.	Nation	HDW Klasse	Bauwerft	Indienststellung	Bemerkungen
HDW 131	BAP Casma/Angamos	SS-31	Peru	209/1200	HDW	19.12.1980	
HDW 132	BAP Antofagasta	SS-32	Peru	209/1200	HDW	19.12.1980	
HDW 133	BAP Chipana	SS-34	Peru	209/1200	HDW	28.10.1982	
HDW 134	BAP Pisagua	SS-33	Peru	209/1200	HDW	12.07.1983	
HDW 135	Cakra	S 401	Indonesia	209/1300	HDW	08.07.1980	
HDW 136	Nanggala	S 402	Indonesia	209/1300	HDW	21.10.1980	
HDW 171	TCG Dagonay	S-351	Turkey	209/1200	Gölcük	01.11.1985	Material Package
HDW 181	Thomson	S-20	Chile	209/1400	HDW	07.05.1984	
HDW 182	Simpson	S-21	Chile	209/1400	HDW	18.07.1985	
TNSW 463	A.R.A. Santa Cruz	S-41	Argentina	TR 1700	TNSW	15.10.1984	
TNSW 465	A.R.A. San Juan	S-42	Argentina	TR 1700	TNSW	18.11.1985	
			Argentina	TR 1700			
			Argentina	TR 1700			
			Argentina	TR 1700			
			Argentina	TR 1700			
HDW 186	Shishumar	S-44	India	Type 1500	HDW	22.09.1986	
HDW 187	Shankush	S-45	India	Type 1500	HDW	20.11.1986	
HDW 188	Shankul	S-47	India	Type 1500	Mazagon	28.05.1994	Material Package
HDW 189	Shalki	S-46	India	Type 1500	Mazagon	07.02.1992	Material Package
TNSW 480	KNM Ula	S-300	Norway	Ula Class	TNSW	27.04.1989	
TNSW 481	KNM Uredd	S-305	Norway	Ula Class	TNSW	03.05.1990	
TNSW 482	KNM Utvaer	S-303	Norway	Ula Class	TNSW	08.11.1990	
TNSW 483	KNM Uthaug	S-304	Norway	Ula Class	TNSW	07.05.1991	
TNSW 484	KNM Utstein	S-302	Norway	Ula Class	TNSW	14.11.1991	
TNSW 485	KNM Utsira	S-301	Norway	Ula Class	TNSW	30.04.1992	
HDW 197	Tupi	S 30	Brazil	209/1400	HDW	06.05.1989	
HDW 198	Tamoio	S 31	Brazil	209/1400	Arsenal de Marinha	12.12.1994	Material Package
HDW 215	TCG Dolunay	S-352	Turkey	209/1200	Gölcük	01.06.1991	Material Package
HDW 219	Timbira	S 32	Brazil	209/1400	Arsenal de Marinha	22.10.1997	Material Package
HDW 220	Tapajó	S 33	Brazil	209/1400	Arsenal de Marinha	21.12.1999	Material Package

Werft Nr.	Name	Rumpf Nr.	Nation	HDW Klasse	Bau-werft	Indienst-stellung	Bemerkungen
HDW 242	Chang Bogo		🇰🇷	209/1200	HDW	02.06.1993	
HDW 243	Lee Chun		🇰🇷	209/1200	Daewoo	30.04.1994	Material Package
HDW 244	Choi Museon		🇰🇷	209/1200	Daewoo	27.02.1995	Material Package
HDW 245	TCG Preveze	S-353	🇹🇷	209/1400mod	Gölcük	23.09.1994	Material Package
HDW 246	TCG Sakarya	S-354	🇹🇷	209/1400mod	Gölcük	July 1995	Material Package
HDW 249	Park Wi		🇰🇷	209/1200	Daewoo	03.02.1996	Material Package
HDW 250	Lee Jongmu		🇰🇷	209/1200	Daewoo	01.09.1996	Material Package
HDW 251	Jeong Un		🇰🇷	209/1200	Daewoo	29.08.1997	Material Package
HDW 265	Dolphin		🇮🇱	Dolphin	Dolphin Consortium	27.07.1999	
HDW 266	Leviathan		🇮🇱	Dolphin	Dolphin Consortium	15.11.1999	
HDW 290	Tikuna	S 34	🇧🇷	209/1400mod	Arsenal de Marinha	16.12.2005	Material Package
HDW 291	Lee Sunsin		🇰🇷	209/1200	Daewoo	15.06.1999	Material Package
HDW 292	Na Deayong		🇰🇷	209/1200	Daewoo	01.05.2000	Material Package
HDW 293	Lee Eokgi		🇰🇷	209/1200	Daewoo	01.11.2001	Material Package
HDW 294	TCG 18 Mart	S-355	🇹🇷	209/1400mod	Gölcük	28.07.1998	Material Package
HDW 295	TCG Anafartalar	S-356	🇹🇷	209/1400mod	Gölcük	22.07.1999	Material Package
HDW 317	Tekumah		🇮🇱	Dolphin	Dolphin Consortium	25.07.2000	
HDW 318	U 31	S181	🇩🇪	212A	ARGE 212A	19.10.2005	
HDW 319	U 32	S182	🇩🇪	212A	ARGE 212A	19.10.2005	
HDW 320	U 33	S183	🇩🇪	212A	ARGE 212A	13.06.2006	
HDW 321	U 34	S184	🇩🇪	212A	ARGE 212A	03.05.2007	
HDW 344	Salvatore Todaro	S526	🇮🇹	212A	Fincantieri	28.03.2006	
HDW 345	Scirè	S527	🇮🇹	212A	Fincantieri	19.02.2007	
HDW 350	TCG Gür	S-357	🇹🇷	209/1400mod	Gölcük	21.04.2006	Material Package
HDW 351	TCG Çanakkale	S-358	🇹🇷	209/1400mod	Gölcük	22.06.2006	Material Package
HDW 352	TCG Burakreis	S-359	🇹🇷	209/1400mod	Gölcük	01.11.2006	Material Package
HDW 353	TCG I.Inönü	S-360	🇹🇷	209/1400mod	Gölcük	27.06.2007	Material Package
HDW 361	Papanikolis	S120	🇬🇷	214	HDW	27.10.2010	
HDW 362	Pipinos	S121	🇬🇷	214	HSY	06.10.2014	Material Package
HDW 363	Matrozos	S122	🇬🇷	214	HSY		Material Package
HDW 365	SAS Manthatisi	S 101	🇿🇦	209/1400mod	GSC	03.11.2005	

Werft Nr.	Name	Rumpf Nr.	Nation	HDW Klasse	Bauwerft	Indienststellung	Bemerkungen
HDW 366	SAS Charlotte Maxeke	S 102	🇿🇦	209/1400mod	GSC	14.03.2007	
HDW 367	SAS Queen Modjadji	S 103	🇿🇦	209/1400mod	GSC	22.05.2008	
HDW 371	Sohn Wonil		🇰🇷	214	Hyundai	26.12.2007	
HDW 372	Jeong Ji		🇰🇷	214	Hyundai	02.12.2008	
HDW 373	An Junggeun		🇰🇷	214	Hyundai	30.11.2009	
HDW 383	N.R.P. Tridente		🇵🇹	209PN	GSC	17.06.2010	
HDW 384	N.R.P. Arpão		🇵🇹	209PN	GSC	22.12.2010	
HDW 398	U35		🇩🇪	212A	ARGE 212A	23.03.2015	
HDW 399	U36		🇩🇪	212A	ARGE 212A		
HDW 400	INS Tanin		🇮🇱	Dolphin AIP	ThyssenKrupp Marine Systems	30.06.2014	
HDW 401	INS Rahav		🇮🇱	Dolphin AIP	ThyssenKrupp Marine Systems		
HDW 402			🇮🇱	Dolphin AIP	ThyssenKrupp Marine Systems		
HDW 410			🇹🇷	NTSP	Gölcük		
HDW 411			🇹🇷	NTSP	Gölcük		
HDW 412			🇹🇷	NTSP	Gölcük		
HDW 413			🇹🇷	NTSP	Gölcük		
HDW 414			🇹🇷	NTSP	Gölcük		
HDW 415			🇹🇷	NTSP	Gölcük		
HDW 416	Pietro Venuti	S528	🇮🇹	212A	Fincantieri		
HDW 417	Romeo Romei	S529	🇮🇹	212A	Fincantieri		
HDW 426	Kim Jwajin	SS076	🇰🇷	214	DSME	31.12.2014	
HDW 427	Yun Bonggil		🇰🇷	214	Hyundai		
HDW 428	Ryu Gwansun		🇰🇷	214	DSME		
HDW 429			🇰🇷	214			
HDW 430			🇰🇷	214			
HDW 431			🇰🇷	214			
HDW 447	Confidential			209/1400mod	ThyssenKrupp Marine Systems		
HDW 448	Confidential			209/1400mod	ThyssenKrupp Marine Systems		
HDW 449	Confidential			209/1400mod	ThyssenKrupp Marine Systems		
HDW 450	Confidential			209/1400mod	ThyssenKrupp Marine Systems		
HDW 453	Confidential			218	ThyssenKrupp Marine Systems		
HDW 454	Confidential			218	ThyssenKrupp Marine Systems		

Verzeichnis der Fußnoten

KAPITEL 1
LEVIATHAN ERWACHT

1. Padfield, War beneath the Sea, p. 479
2. Harris, The Navy Times Book of Submarines, p.38
3. Herold, Der Kieler Brandtaucher, p.99
4. Herold, Der Kieler Brandtaucher, p. 95
5. Herold, Der Kieler Brandtaucher, p. 98
6. Fulton, Torpedo war and submarine explosions, p. 177 ff.
7. Harris, The Navy Times Book of Submarines, p.132 ff
8. Harris, The Navy Times Book of Submarines, p.132 ff

KAPITEL 2
DIE ROLLE DES U-BOOTS IN MODERNEN SZENARIOS

1. The Global Submarine Market
2. Nechaj, radio Stimme Rußlands, 1.8.2012
3. Wolf, Washington Post 1.8.2012
4. Thiede, Zukünftige maritime Operationen, p.8
5. Thiede, Zukünftige maritime Operationen, p.8/9
6. Worcester, The Role of the Submarine
7. Koldau, Mythos U-Boot, p. 55
8. Worcester, The Role of the Submarine
9. Stuve, The increasing importance of conventional submarines, p. 21
10. Stuve, The increasing importance of conventional submarines, p. 17
11. The role of submarines in warfare
12. The role of submarines in warfare
13. The role of submarines in warfare
14. Stuve, The increasing importance of conventional submarines, p. 19
15. Sun Tzu, Die Kunst des Krieges
16. Not just a powerful weapon
17. Submarines make sense

KAPITEL 3
DEUTSCHLAND BAUT U-BOOTE

1. Mallman Showell, The submarine century, p. 21
2. Busley, Moderne Unterseeboote, p. 124
3. Rössler, U-Bootbau, Bd. 1, p. 24
4. Rössler, U-Bootbau Bd. 1, p.27/Ostersehlte, Von Howaldt zu HDW, p.168
5. Rössler, U-Bootbau, p. 24
6. Rössler, U-Bootbau, Bd. 1, p. 27/28
7. Rössler, U-Bootbau, Bd. 1, p.30
8. Rössler, U-Bootbau, Bd. 1, p.28/Ostersehlte, Von Howaldt zu HDW, p. 167
9. Rössler, U-Bootbau, Bd. 1, p.130 / Van der Vat, Stealth, p. 137
10. Van der Vat, Stealth, p. 37
11. Rössler, U-Bootbau, Bd. 1, p.134 / Van der Vat, Stealth, p. 138
12. Nohse, Rössler, Konstruktionen für die Welt, p. 12
13. Rössler, U-Bootbau, Bd. 1, p.134.
14. Nohse, Rössler, Konstruktionen für die Welt, p. 14
15. Nohse, Rössler, Konstruktionen für die Welt, p 17
16. zit. nach: Nohse, Rössler, Konstruktionen für die Welt, p 18

KAPITEL 4
U-BOOT-TYP XXI – DIE REVOLUTION UNTER WASSER

1. Padfield, War beneath the sea, p.459
2. Die wohl beste Beschreibung der Typ XXI- und Typ XXIII-Boote und ihrer Entwicklungsgeschichte stammt aus der Feder von Eberhard Rössler, der sie in mehreren Büchern höchst kenntnisreich beschrieben hat. Einen schnellen Überblick bieten auch die websites http://de.wikipedia.org/wiki/U-Boot-Klasse_XXI und http://de.wikipedia.org/wiki/U-Boot-Klasse_XXIII.
3. u.W. = unter Wasser
4. ü.W. = über Wasser
5. Waller, Derek; The U-Boats that Surrendered
6. Barlow, From Hot War to Cold, p. 162 ff.
7. ebd.
8. ebd.
9. Rössler, U-Bootbau, Bd. 2, p. 455
10. GUPPY: Greater Underwater Propulsions Power

KAPITEL 5
DEUTSCHLAND BAUT WIEDER U-BOOTE

1. UK National Archives, Public Record Office, CAB 80/101
2. Stuve, in: Fazination See, pp. 202, 203
3. http://www.dubm.de/u-boote_der_ddr.html
4. Ausführliche Schilderung seiner Tätigkeit in: Nohse/Rössler, Konstruktionen für die Welt, p. 21 ff.
5. Stuve in: Faszination See, pp 206/207
6. ebd., p. 207
7. Rössler, Geschichte des deutschen U-Boot-Baus, Bd. 2, p. 506
8. DER SPIEGEL 18-2008, pp. 50,51
9. Brüsseler Vertrag vom 23.11.1954, Artikel 2 und Anlage III zum Protokoll Nr. III
10. http://einestages.spiegel.de/static/topicalbumbackground/23226/als_die_atom_bombe_platzte.html
11. Brief Udo Ude, ehemaliger Entwicklungs- und Vertriebschef der HDW, vom 23. Juli 2012 an Verf.
12. Telefonat Verf. mit Prof. Abels am 2. März 2012
13. Rössler, Die neuen deutschen U-Boote, p.184: Die Vergleichsstudien zu den Projekten IK 20 und IK 24 sahen den Einsatz eines Babcock-Reaktors beziehungsweise eines MAN-Wahodag-Reaktors vor.

KAPITEL 6
U-BOOTE „MADE IN GERMANY" – U-BOOT KLASSE 209: DER WEG IN DEN EXPORT

1. Stuve, in: Faszination See, p. 208
2. Nohse/Rössler, Konstruktionen für die Welt, p.53
3. http://de.wikipedia.org/wiki/U-Boot-Klasse_207
4. Karr, Neue Boote für die südafrikanische Marine, MarineForum 10/2005
5. Ritterhoff, Upgrading Diesel-Electric Submarines, p. 56 ff
6. Bergande, Versatile Modernisation Concepts for Class 209, p. 80
7. SSK Dolphin Class Submarine, Israel in: naval-technology.com
8. Krause, Fakt oder Fantasie, MarineForum 7/8-2015

KAPITEL 7
DIE ZWEITE DEUTSCHE REVOLUTION IM U-BOOT-BAU: DIE BRENNSTOFFZELLE

1. zit. nach Pressemeldung HDW vom 7. April 2003
2. Rössler, U-Bootbau, Bd. 2, p. 525
3. Rössler, Die neuen deutschen U-Boote, p.184
4. vgl. Kapitel 5: Deutsche Atom-U-Boote?, p. xx
5. Gabler, Submarine Design, p. 80
6. "Kieler Howaldtswerke AG are able to offer an extensive choice, beginning with the 90 t small boat and ending with the 1000 t submarine. Besides the highly developed Diesel electric propulsion common today, we would like to refer to the most interesting solution of the „Walter-propulsion", which was developed during the second world war for boats with an extreme high underwater performance. This concerns a propulsion plant working without atmospheric oxyden by using high concentrate hydrogen peroxide, a gas steam mixture for driving the turbines."
7. Nohse/Rössler, Konstruktionen für die Welt, p. 115
8. Graumann, Der Walter-Antrieb; p. 38/39. http://de.wikipedia.org/wiki/Walter-Antrieb
9. Gabler, Submarine Design, p. 79 f
10. Klein, Regensdorf, Wittekind, Zartmann, Closed Cicle Diesel in AIP, p.3 ff
11. http://de.wikipedia.org/wiki/Stirlingmotor#Geschichte
12. Nohse, Submarine Propulsion, p.7
13. HDW Wasserstoff-Energietechnologie, p 3-5
14. Nohse/Rössler, Konstruktionen für die Welt, p. 117 ff
15. HDW Wasserstoff-Energietechnologie, p. 7
16. Nohse/Rössler, Konstruktionen für die Welt, p. 118
17. Fuel Cell Technology, ohne Seitenangabe
18. HDW Wasserstoff-Energietechnologie, p. 8

19 Siemens AG – Marine Solutions: SINAVY Permasyn
20 Lorenz, Electrical propulsion systems, p. 65 ff

KAPITEL 8
DIE BRENNSTOFFZELLE GEHT AN BORD

1 Nohse/Rössler, Konstruktionen für die Welt, p. 108
2 Cameron, Not a single submarine seaworthy. 10.06.2011
3 Schütz, Type 212, p. 8

KAPITEL 9
U-BOOT KLASSE 212A WIRD WIRKLICHKEIT

1 Schütz, Type 212, p. 8
2 http://de.wikipedia.org/wiki/U-Boot-Klasse_212_A und andere Quellen. Tatsächlich ist die Tauchtiefe militärisches Geheimnis. Hier handelt es sich also um Spekulation.
3 HDW-Prospekt „UBoot Klasse 212A" mit Angaben von Rössler, Die neuen deutschen U-Boote, p. 206
4 UBoot Klasse 212A
5 UBoot Klasse 212A; Stockfisch, Zweites Los der U-Boot Klasse 212A, p. 69 ff
6 Stockfisch, Zweites Los der U-Boot-Klasse 212A, p. 70. Ausführlich zu Zeiss-Sehrohren: Schlemmer, Vom Turmsehrohr zu Optronikmast.

KAPITEL 10
KLASSE 214 – BRENNSTOFFZELLEN-BOOTE FÜR DIE WELT

1 Dinse, Manolemis, Class 214 submarines
2 nach HDW/TKMS-Angaben – Class 214 Submarine und HDW Class 214 Submarine, und http://de.wikipedia.org/wiki/U-Boot-Klasse_214

KAPITEL 11
NOCH AUF DEM PAPIER:
KLASSEN 210MOD UND 216

1 Hauschildt, Class 210mod, p. 26ff, Das U-Boot der Klasse 210mod, p. 18ff.
2 HDW Class 210mod Submarine – Datenblatt
3 Zweiwege-Paketdatendienst von INMARSAT für die Kommunikation per Telex, Telefax oder Datenübertragung (Internet)
4 Global Maritime Distress and Safety System (GMDSS)
5 Electronic Chart Display and Information System (ECDIS; deutsch Elektronisches Kartendarstellungs- und Informationssystem)
6 Die Bootsbeschreibung folgt im Wesentlichen Kohsiek, Hauschildt, Die Klasse 216, p. 18 ff.
7 HDW Class 216 Submarine – Datenblatt

KAPITEL 12
U-BOOT-TECHNOLOGIEN VON HEUTE FÜR MORGEN

1 HDW (Hsg.), Silent Fleet. Inzwischen fünf Ausgaben
2 Diehl BGT Defence, U-Boot-Flugkörper IDAS
3 AUV = Autonomous Underwater Vehicle
4 UUV = Unmanned Underwater Vehicle

Literaturverzeichnis

Australian Submarine Corporation: Role of submarines. In: http://www.asc.com.au/aspx/Role_of_Submarines.aspx. (o.J.)

Barlow, Jeffrey G.: From Hot War to Cold. The U.S. Navy and National Security Affairs, 1945 – 1955. Stanford, CA 2009

Bergande, Matthias: Versatile Modernisation Concepts for Class 209. In: Naval Forces, Special Issue 2011, Vol XXXII, Bonn 2011

Blair, Clyde: Der U-Boot-Krieg – 2 Bde. (Bd. 1: Die Jäger, 1939-1942; Bd. 2: Die Gejagten, 1942-1945). München 1998

Busley, Carl: Die modernen Unterseeboote. In: Jahrbuch der Schiffbautechnischen Gesellschaft, Bd. 1, p. 63 - 124. Hamburg 1901

Cameron, Steward: Not a single submarine seaworthy. In: The Australian. 10.06.2011. Sydney 2011

Diehl BGT Defence: U-Boot-Flugkörper IDAS. In: http://www.diehl.com/de/diehl-defence/produkte/lenkflugkoerper/idas.html

Dinse, Reinhard, Ioannis Manolemis: Class 214 submarines – HDW's response to today's international warfare scenarios. Mskr. 2006

Fulton, Robert: Torpedo war, and submarine explosions. New York 1810

Gabler, Ulrich: Submarine Design. Bonn 2000

Gannon, Michael: Black May. New York 1998
Graumann, Dirk: Der Walter-Antrieb. In: SONAR 19/2004

Hadley, Michael: Der Mythos der deutschen U-Boot-Waffe. Hamburg 2001

Harris, Brayton: The Navy Times Book of Submarines. A political, social and military history. New York 1997

Hauschildt, Peter: U-Boote „Made in Germany" – Bestandsaufnahme und Ausblick. In: Marineforum 6-2010, p 4 ff. Bonn 2010

Hauschildt, Peter: Das U-Boot der Klasse 210mod – Hochleistung auf kompaktem Raum. In: Marineforum 12-2010, p. 18 ff. Bonn 2010

Hauschildt, Peter: Class 2010mod – a future-orientated submarine design. In: Naval Forces, Special Issue 2011 – Vol. XXXII, p.26 ff. Bonn 2011

Herold, Klaus: Der Kieler Brandtaucher. Bonn 1993

Hess, Sigurd, Guntram Schulze-Wegener, Heinrich Walle (Hsg.): Faszination See – 50 Jahre Marine der Bundesrepublik Deutschland. Hamburg, Berlin, Bonn 2005

Howaldtswerke-Deutsche Werft GmbH (Hsg.): Silent Fleet, 5th Edition. Kiel 2011

Karr, Hans: Neue Boote für die südafrikanische Marine. In: Marineforum 10/2005. Bonn 2005

King, Mike: The Global Submarine Market 2011–2023. In: http://www.companiesandmarkets.com/MarketInsight/Defence/Global-Submarine-Market/NI8829. Amsterdam 2014

Klein, Manfred, Uwe Regensdorf, Dietrich Wittekind, Carlos Zartmann: Closed Cycle Diesel – Priciple and Application. In: AIP – Air Independent Propulsion Systems. Hsg. TNSW, HDW, IKL zur UDT 1993. Cannes 1993

Kohsiek, Sven: Class 216 – Cutting edge technology for long mission profiles. In: Naval Forces, Special Issue 2011, VOL. XXXII, p. 22 ff. Bonn 2011

Kohsiek, Sven, Hauschildt, Peter: Die Klasse 216 – U-Boote für den weltweiten Einsatz. In: Marineforum 1/2-2012 – p 18 ff. Bonn 2012

Koldau, Linda Maria: Mythos U-Boot. Stuttgart 2010

Kraft, Jakob: Als die Atomträume platzten. In: http://einestages.spiegel.de/static/topicalbumbackground/23226/als_die_atom_bombe_platzte.html. Hamburg 2011

Krause, Joachim: Fakt oder Fantasie – Lässt Israel in Kiel U-Boote für nuklear-strategische Aufgaben bauen? In Marineforum 7/8-2015. Bonn 2015
Kürsner, Jürgen: U-Boote – Relikte des Kalten Krieges? Neue Züricher Zeitung 25.1.2011

Lorenz, Jan-Hinrich: Submarines – unseen but on scene thanks to electrical propulsion systems. In: Naval Forces, Special Issue 2011, Vol XXXII. Bonn 2011

Mallman Showell, Jak P.: The U-Boat Century – German Submarine warfare 1906-2006. London 2006

Nechaj, Oleg: Neue Atom-U-Boote: „Vorteil durch russisches Know-how". radio Stimme Rußlands 01.08.2012 – http://german.ruvr.ru/2012_08_01/83649786/2012

Nohse, Lutz, Eberhard Rössler: *Konstruktionen für die Welt.* Herford 1992

Nohse, Lutz: *Submarine Propulsion – Conventional and Outside-Air-Independent.* Sonderdruck Naval Forces No. IV 1982 für IKL. Bonn 1982

Ostersehlte, Christian: *Von Howaldt zu HDW.* Kiel, Hamburg 2004

Padfield, Peter: *War Beneath the Sea.* New York 1998

Reuter, Karl-Erich: Permasyn Motors: *A New Propulsion System for Submarines.* In: Naval Forces, Subcon '95 – German Submarine Technology Bonn 1995

Ritterhoff, Jürgen: *Upgrading Diesel-Electric Submarines by Retrofitting FC Plants.* In: International Defence Technologies: German Submarines – Today and Tomorrow. Bonn 1997

Ritterhoff, Jürgen: *Class 214 – A new class of air-independent submarines.* In: Naval Forces, Special Issue 2/99, pp. 101 - 105. Bonn 1999

Rohweder, Jürgen: *Beständiger Wandel – In 175 Jahren von Schweffel & Howaldt zu ThyssenKrupp Marine Systems.* Kiel/Hamburg 2013

Rössler, Eberhard: *Geschichte des deutschen U-Bootbaus,* Bd. I und II. Augsburg 1996

Rössler, Eberhard: *U-Boottyp XXI.* Bonn 2002

Rössler, Eberhard: *U-Boottyp XXIII.* Bonn 2002

Rössler, Eberhard: *Die neuen deutschen U-Boote.* Bonn 2009, 2. Auflage

Schlemmer, Harry: *Vom Turmsehrohr zum Optronikmast – Geschichte der U-Boot-Sehrohre bei Carl Zeiss.* Hamburg, Berlin, Bonn 2011

Schütz, Heinrich: *Type 212 – The German Navy heading for the next generation of Submarines.* In: Naval Forces, Conference proceedings Subcon '95. Bonn 1995

Siemens AG – Marine Solutions: *SINAVY Permasyn – small, reliable, and difficult to trace.* Siemens-Prospekt 2013

Stockfisch, Dieter: *Zweites Los der U-Boote Klasse 212A – Verbesserungen und Weiterentwicklungen.* In: Europäische Sicherheit und Technik. Februar 2012 p.69 ff. Bonn 2012

Stuve, Christian: *The increasing importance of conventional submarines in future operational Scenarios.* In: Naval Forces, Special Issue 2011, Vol XXXII. Bonn 2011

Sun Tzu: *On the art of war.* Deutsche Übersetzung aus dem Englischen, Version 1.0, © Guido Stepken. 2005

Techel, Hans: *Der Bau von Unterseebooten auf der Germaniawerft.* Berlin 1923

Thiede, Frank: *Zukünftige maritime Operationen – Anforderungen an die Fähigkeiten konventioneller U-Boote.* In: Marineforum 9-2011. Bonn 2011

Van der Vat, Dan: *Stealth at Sea: The history of the Submarine.* London 1994

Waller, Derek: *The U-Boats that surrendered.* In: http://ahoy.tk-jk.net/macslog/TheU-BoatsthatSurrendered-2.html. Melbourne 2011

Waschin, Heinz G.: *Brennstoffzelle und Permasynmotor – Der erste außenluftunabhängige U-Boot-Antrieb.* In: Wehrtechnischer Report 5/2004. Bonn und Frankfurt a.M. 2004

Wolf, Jim: *U.S. to mull more bombers, submarines for Pacific.* Washington Post 01.08.2012. 2012

Worcester, Maxim: *The Role of the Submarine in the Fight for Naval Supremacy in the Pacific.* Institut für Strategie- Politik Sicherheits- und Wirtschaftsberatung. Berlin 2010

UNTERNEHMENSBROSCHÜREN

Class 214 Submarine – No limits but the endless sea. HDW Broschüre. Kiel 2011
Fuel Cell Technology (Hand-out von HDW und TNSW), Mskr. Kiel/Emden 1988

HDW Wasserstoff-Energietechnologie. HDW-Prospekt. Kiel 1996

HDW Class 214. Datenblatt. ThyssenKrupp Marine Systems. Kiel 2013

HDW Class 210mod Submarine. Datenblatt. ThyssenKrupp Marine Systems. Kiel 2013

HDW Class 216 Submarine. Datenblatt. ThyssenKrupp Marine Systems. Kiel 2013

U-Boot Klasse 212A – Ein Spitzenprodukt der deutschen Unterwassertechnologie. HDW Prospekt. Kiel 2011

INTERNET (OHNE AUTORENNENNUNG)

A German success story. In: http://www.asiapacificdefencereporter.com/articles/98/A-German-Success-Story. Sidney 2010

Not just a powerful weapon. In: http://www.asiapacificdefencereporter.com/articles/118/Not-just-a-powerful-weapon. Sydney 2011
The role of submarines in Warfare. In: http://www.asiapacificdefencereporter.com/articles/104/The-role-of-submarines-in-Warfare. Sydney 2010
Submarines make sense. In: http://www.noac-national.ca/article/submarinesmakesense.html. 1997

SSK Dolphin Class Submarine, Israel. In: http://www.naval-technology.com/projects/dolphin/. (o.J)

The Top 10 Best Diesel-Electric Submarines in the World. http://www.youtube.com/watch?v=8rTpwPTHenA . (o.J)

U-Boot Klasse XXI. In: http://de.wikipedia.org/wiki/U-Boot-Klasse_XXI. (o.J)

U-Boote der DDR. In: http://www.dubm.de/u-boote_der_ddr.html. (o.J)

U-Boot Klasse 207. In: http://de.wikipedia.org/wiki/U-Boot-Klasse_207. (o.J.)

Der Verlag und der Verfasser danken

Airbus Defence and Space,

Atlas Elektronik,

G+H Marine,

Hagenuk Marinekommunikation,

J.P. Sauer & Sohn Maschinenbau GmbH,

ThyssenKrupp Marine Systems

und Wärtsilä Elac Nautic herzlich.

Ohne ihre gute Unterstützung wäre es nicht gelungen,

diesen aufwendigen Band herauszubringen.

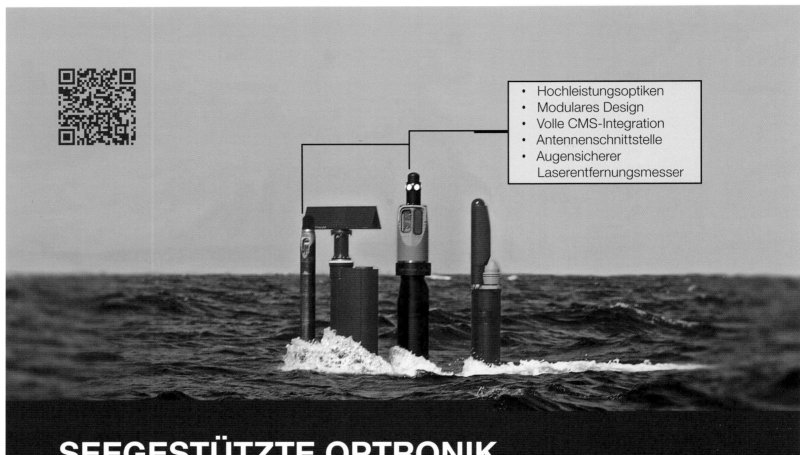

- Hochleistungsoptiken
- Modulares Design
- Volle CMS-Integration
- Antennenschnittstelle
- Augensicherer Laserentfernungsmesser

SEEGESTÜTZTE OPTRONIK
Technische Innovation und Exzellenz seit 1903

Wir bieten ein komplettes Portfolio an Periskopen und Optronikmastsystemen als attraktive Einzel- oder Doppellösungen für neue U-Boote und den Retrofit-Markt an. Unsere Optik- und Optronik-Systeme für Marineanwendungen werden auf Basis eines modularen Konzepts entwickelt. Das ermöglicht eine schnelle Einrüstung von Sensoren, ohne den Aufbau des Bootes zu verändern. Gleichzeitig werden so die Lebenszykluskosten mit Blick auf die Wartung und Logistik gesenkt.

Unter seinem früheren Namen Carl Zeiss Optronics wurde Airbus DS Optronics in den letzten 110 Jahren zu einem Weltmarktführer auf den Gebieten Überwachung, Periskope und High-Performance-Optronikmastsysteme.

PIONEERING THE FUTURE TOGETHER

ISUS 100 Combat System für U-Boote
Ein bedeutender Schritt vorwärts in der Evolution

Neue Entwicklungsschritte und innovative Technologien sind essentiell, damit U-Boote einem immer breiter werdenen Spektrum an Aufgaben gerecht werden können. Mit seiner modernen Combat System Technologie wurde ISUS 100 konsequent auf die künftigen Herausforderungen moderner U-Boot Einsatzszenarien ausgerichtet:

1. Prägnantes Lagebild in Echtzeit für effektive Kommandantenentscheidungen
2. Herausragende Sonare für komplexe küstennahe Gewässer
3. Volle Sensor-to-Shooter Fähigkeit
4. Minimaler Bedienaufwand und maximale Leistung
5. Individuell angepaßte offene Systemarchitektur

Innovative und see-erprobte Technologie vom Marktführer

www.atlas-elektronik.com

... a sound decision

ATLAS ELEKTRONIK
A joint company of ThyssenKrupp and Airbus DS

Sauer Compressors –
*Naval know-how
for the world market*

**Mehr als 53 Marinen weltweit verlassen sich auf Sauer Kompressoren –
auf Flugzeugträgern, U-Booten, Fregatten, Korvetten, Patrouillenbooten und Minensuchbooten.**

J.P. Sauer & Sohn Maschinenbau GmbH
Postfach 92 13, 24157 Kiel

TELEFON 0431 3940-0 E-MAIL info@sauercompressors.de
TELEFAX 0431 3940-24 WEB www.sauercompressors.com

Dependable up to 500 bar – anywhere, anytime.

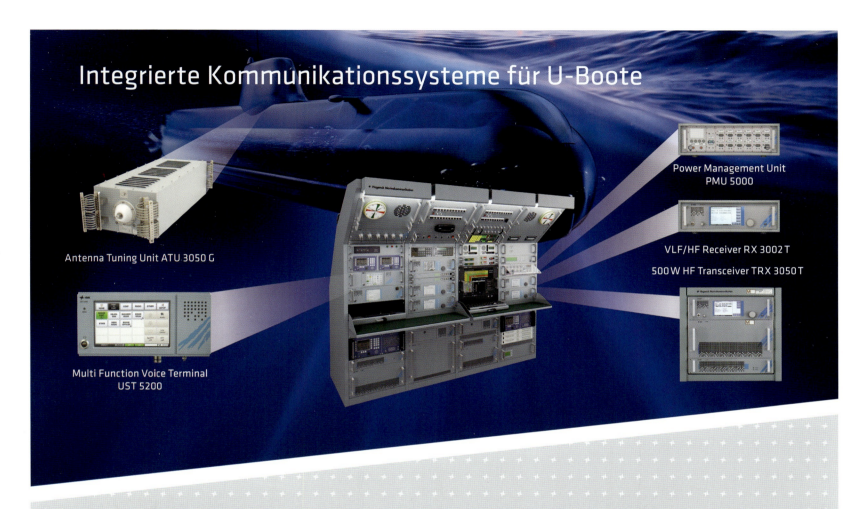

Leiser, tiefer, gesünder? Sie haben den Bedarf, wir die innovative Lösung.

Leiser: Durch unsere Isolierungen reduzieren wir die Signatur im Bereich Schall und IR.
Tiefer: Unsere Spezialsysteme halten auch dem Druck großer Tiefen stand.

Gesünder: Wir verwenden spezielle Materialien, die zur Schadstoffreduktion im Druckkörper beitragen.
Erfahren Sie jetzt, wie wir auch Sie mit innovativen Lösungen unterstützen können: www.guh-marine.com

Systems and Components for Submarines

Wärtsilä ELAC Nautik offers more than 80 years of experience in developing and producing hydroacoustic systems. Our product portfolio includes sonar systems and echo sounders as well as underwater communication systems for a wide range of military and civilian applications. We've supplied equipment and systems for surface vessels and submarines to more than 40 navies worldwide plus sophisticated instrumentation for precise charting of sea floor topography to customers in all fields of hydrography. We deliver innovative solutions and products known for their high reliability, state-of-the-art technology and unmatched data acquisition accuracy.

www.elac-nautik.com